中国立体绿化与屋顶农业系列丛书

中国立体绿化十年成就

刘克锋　主编

中国建材工业出版社

图书在版编目（CIP）数据

中国立体绿化十年成就 / 刘克锋主编. -- 北京 : 中国建材工业出版社，2021.1

ISBN 978-7-5160-3086-8

Ⅰ. ①中… Ⅱ. ①刘… Ⅲ. ①城市－绿化－环境设计－中国 Ⅳ. ①S731.2

中国版本图书馆CIP数据核字（2020）第210459号

中国立体绿化十年成就
Zhongguo Liti Lühua Shinian Chengjiu

刘克锋　主编

出版发行：中国建材工业出版社
地　　址：北京市海淀区三里河路1号
邮　　编：100044
经　　销：全国各地新华书店
印　　刷：北京天恒嘉业印刷有限公司
开　　本：889mm×1194mm　1/16
印　　张：13.75
字　　数：200千字
版　　次：2021年1月第1版
印　　次：2021年1月第1次
定　　价：318.00元

本社网址：www.jccbs.com，微信公众号：zgjcgycbs

中国屋顶绿化十年

米南阳题

书法家米南阳先生题字

美麗中國生態文明
建設都要發揮人的
主觀能動性

中國建築節能協會
立体綠化與生態園
林專業委員會共勉

丁酉大雪

孟兆禎

景物因人成勝概

中国工程院孟兆祯院士题字

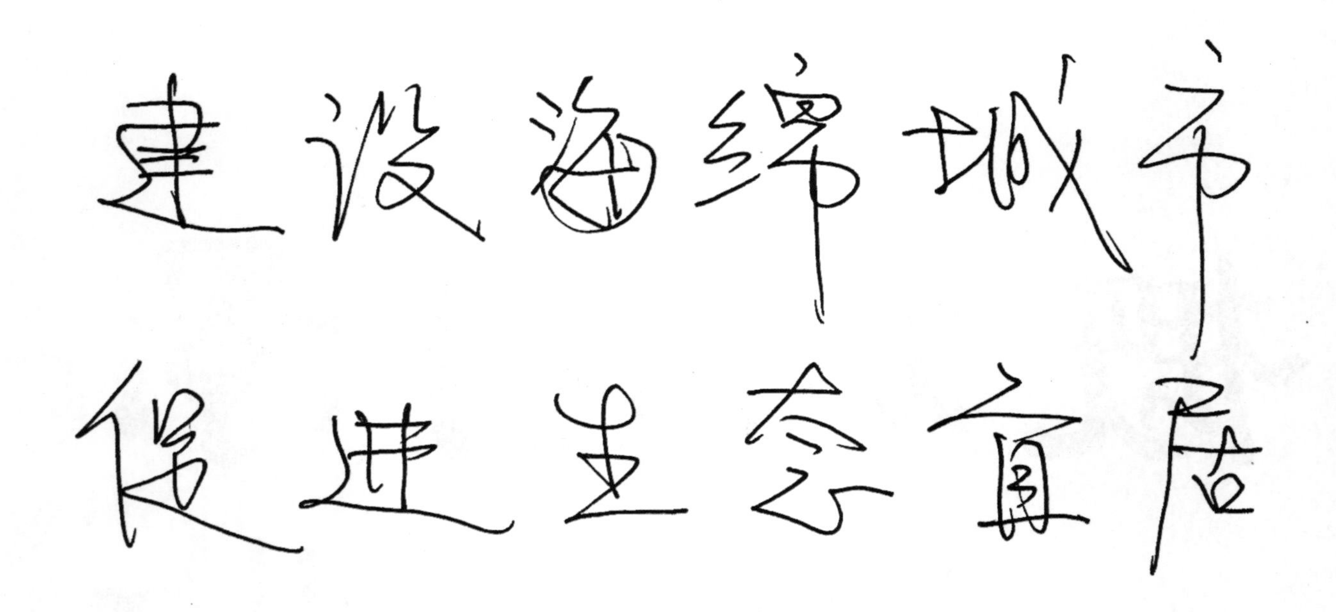

中国工程院王浩院士题字

《中国立体绿化与屋顶农业系列丛书》

编写委员会

《中国立体绿化十年成就》

编　委　会

序

preface

四十多年的改革开放，我国的国民经济与城市建设都得到了快速发展，但同时出现大量的土地被占、生态环境恶化的现象越来越严重。一大批从事园林绿化工作的研究人员、企业家和年轻人，他们以自然生态环境维护者姿态，以夺回被建筑物占有的绿地面积的勇气，把绿化工作做上屋顶，“屋顶绿化”便应运而生，成了这批开拓者的新的工作内容。屋顶绿化不仅增加了绿化面积、改善了生态环境，同时也增强了建筑物屋顶的保温功能，降低了建筑物的能耗。中国建筑节能协会及时吸收这批人才，成立屋顶绿化专业委员会，大力推动屋顶绿化工作。屋顶绿化工作吸引了更多的城市领导、相关专家学者及园林绿化企业家的参与，2012 年的屋顶绿化杭州会议、2014 年的青岛会议，会议规模都达到近 3000 人，特别是来了一批大学生积极参与，为屋顶绿化行业增添了活力。由于屋顶绿化赋予了建筑节能新的内涵，园林绿化工作者更是把屋顶绿化发展到阳台、墙面的绿化，从而形成现在的立体绿化。经过不断完善和发展，立体绿化已经成为我国建筑节能产业的重要组成部分。2015 年底，我国《绿色建筑评价标准》进行了重新的修订，立体绿化正式成为评分标准中重要的一项。2016 年，海绵城市建设工作同时在全国 30 个城市开展，立体绿化行业积极参与其中。随后国内不少大中型城市在贯彻落实习主席生态文明思想，完善生态环境工作中都针对立体绿化的推进，修订了相关政策并做出指导意见，立体绿化在全国形成了发展的浪潮。同时我们也看到，在发展过程中也存在一些问题：在政策和利益的驱动下，许多企业仓促地投入到立体绿化产业中，由于缺乏产品制造技术、相关人才、工程绿色安装经验，更没有研发的积累，在立体绿化的设计、部品构造规模化的生产及施工等方面都出现了很多的问题，导致立体绿化部品构件的生产成本居高不下，很多立体绿化企业因此陷入了进退两难的境地。

立体绿化是一门非常复杂的、需要多学科跨界融合的系统科学工程。在考虑建筑物的结构承重、屋面防水和防风等要求的基础上，进而研究绿化设计到产品设计的升华，生产制造质量管控到工程施工，流程看似简单，但技术环节复杂。立体绿化应用在建筑物中具有施工快捷、质量稳定可靠、环境影响小、材料消耗少等特点，但这些优势和特点取决于预制产品构件和部品制造的效率、质量控制、产品性能，以及大规模生产制造的信息化管理、施工关键材料和技术。特别是在一线二线城市中大规模大面积地进行立体绿化，面对着高标准、严要求、超速度的发展，企业家们经验不足，没有足够成熟的技术支撑，南北气候有着明显的差异，即便有国外相关技术可以借鉴，但是由于多种原因，也不可能完全复制国外的经验和做法，我们必须走出一条具有中国特色的立体绿化行业的发展道路。

立体绿化行业至今已经发展了十余年。从融入绿色建筑到海绵城市，其发展的意义不止于当前的部品构件设计、产品制造、规模化生产、绿色环保施工等，其经济效益及社会效益更加深远，更加体现了习主席提出的“绿水青山就是金山银山”的生态文明思想。我们把大家在此理论和实践的过程中有关经验进行总结归纳并出版本书。

本书展示了立体绿化领域的奋斗者认真贯彻习主席生态文明思想，接受行业发展挑战，克服一个又一个困难，解决立体绿化在建筑高层中植物生存与防水技术的各类工程难点的同时，降低了大规模施工中的成本，实现了数字化施肥和节水管控系统技术的节能应用。书中详细介绍了立体绿化行业近年来关键技术的试验研究与数据资料，以及各类优秀项目和技术难点，所呈现的立体绿化的优秀案例、绿色施工的解决方案、新技术新材料的应用，包括这十余年行业里涌现出来的很多优秀人物，这些只是一个美好的开始，并不是终点。

随着各大城市的建设发展，对立体绿化的需求也不尽相同，关键技术也不一样。正是在这个意义上，本书所提供的详细素材可为发展蓝本，我相信这本书也定会对立体绿化未来的产品应用和科技创新有所启发。期待着立体绿化工作者为建设美丽中国做出更大的贡献！

郑坤生

中国建筑节能协会原会长

前　言

preface

日往月来，寒暑相推，匆匆十年！

十年前，一群怀揣着古巴比伦空中花园梦想的人从我做起，开启了中国墙面、屋顶的绿化美化工作，那时的这群人在绿化行业中稍显弱小，缺少系统的专业知识和技术储备，大多来自园林、农业、建筑甚至新闻领域，无人知晓立体绿化未来的发展会如何。十年的拼搏、探索与苦苦坚持，十年的汗水、泪水、充满血丝的双眼就是为了寻找属于自己的未来。

经过十年来的努力、坚持和创新，中国大地上终于有了立体绿化人的无限空间，有了立体绿化人的作品，奇迹还原给现代人！

十年来，中国大地上树立起越来越多的好设计、好工程，涌现出越来越多的好材料、好技术、好企业，更令人欣慰的是，大批领军人物的出现引领着行业的蓬勃发展。正是因为有了他们，才有了中国土地上的“异军突起”，空中森林、空中景观、空中农业如雨后春笋，他们是现代生态城市建设的先驱者。

十年的奔波，十年的洗礼，终于有了十年的成就！我们在这里将展现给大家一份让人欣喜、令人信服的成果。《中国立体绿化十年成就》虽姗姗来迟，但它仍不失一个新鲜的面孔，仍不失它依旧的风采！

十年来的设计也许还带有不少的生涩，十年来的作品也许仍存在一些缺憾，但它依然是成功的——因为对生涩与缺憾的认识及提升过程就是我们事业的升华。

立体绿化作为海绵城市重要的组成部分，它不仅能缓解城市“热岛”、去尘、保湿、保温，拓展雨水利用空间，激活城市的生态效应，而且是城市重要的绿色空间，还是城市“菜篮子”与食物安全“备胎”，甚至是生物质污、废消纳场所。

中国建筑节能协会立体绿化与生态园林专业委员会作为国家的专业协会，理应担负起更多的国家海绵城市、生态城市建设的责任，为我国立体绿化发展，推进未来绿色城市建设，屋顶绿化技术创新，新材料开发，贡献所有的力量。

《中国立体绿化十年成就》是在“中国立体绿化十年”大会上受到表彰并推荐出来的成果，它包含了立体绿化优秀作品、优秀设计、优秀人物、优秀材料、优秀企业与优秀论文。

本书是中国立体绿化十年努力的成就总结，也是给同行专家学者、工程建设者的一个交流平台，给相关立体绿化工作者、学生的一个有益读物。

我们的工作才刚刚起步，我们还有很长的路要走！

人类来自自然，我们将努力让我们的城市重现自然！

刘克锋

2020 年 9 月

目　录

设计篇

材料篇

人物篇

企业篇

10
中国立体绿化十年成就

第部分

中国立体绿化的发展历程

一、什么是立体绿化

建筑界的定义：广义的立体绿化一般指人居环境中的一切绿化，“立体”强调将绿化从平面拓展到空间。狭义的立体绿化特指建筑物内外的绿化，包括屋顶、墙面等各种建筑部位，或称“建筑立体绿化”。

园林界的定义：广义上包括屋顶、露台、天台、阳台、墙体、地下车库顶板、立交桥体、矿山恢复、河道护坡等。立体绿化一般泛指屋顶绿化和垂直绿化的总和。

二、立体绿化的历史和发展

立体绿化在我国和世界其他国家都有着悠久的历史。早在大汶口出土的陶片上，已经发现了早期花盆的雏形。5000 余年前的祖先们已经学会使用容器进行人工栽培花卉，这就是最早的立体绿化雏形。20 世纪 20 年代初，在古代幼发拉底河下游地区挖掘著名的乌尔古城时，发现了古代苏美尔人建造的“大庙塔”，其三层台面上有种植过大树的痕迹。立体绿化有文字可考的历史应该始于古巴比伦著名的“空中花园”。三层台式结构远看好像长在空中，形成“悬苑”。

到了近代，园艺技术的积累使立体绿化向更为实用的方向发展。1959 年，美国加利福尼亚州奥克兰市的 Kaiser Center 建成面积达 1.2 公顷的屋顶花园，既考虑了屋顶结构负荷、土层深度、植物选择和园林用水等技术问题，也考虑到高空强风以及毗邻高层建筑的俯视景观等技术和艺术要求。日本东京于 1991 年 4 月将立体绿化纳入法制轨道，并颁发了城市绿化法；花园城市新加坡的建筑物、街道两侧、屋顶、阳台以及墙面到处都被绿色所覆盖；波兰政府经过数十年的立体绿化，已将华沙建成世界上人均绿地面积最多的首都，高达 78 平方米 / 人；德国推行“绿屋工程”，其围墙堆砌所需的构件均已实现商品化，目前德国 80% 的屋顶都实施了绿化工程；英国剑桥大学利用墙面贴植技术，采用高大乔木银杏使墙面犹如覆盖了一层绿色壁毯；巴西研发了“生物墙”，即墙体外层用空心砖砌就，内填树脂、草籽和肥料等进行立体绿化。德国、日本以及韩国等国的立体绿化相关技术已经相当成熟。

自 20 世纪 80 年代以来，我国的城市园林绿化建设也取得了较快的发展，极大地促进了城市环境的改善。乔灌木墙面贴植新技术、藤本植物速生新技术以及高架桥下阴暗立柱绿化技术的应用，为城市中心增加绿量开辟了新的途径。

由此可见，立体绿化已不再是一种园艺手段，更成为城市空间延续发展不可或缺的部分。

三、国内近十年立体绿化发展

1. 北京地区大事记

（1）2009 年 11 月 20 日，北京新颁布的《北京市绿化条例》中第 26 条规定："鼓励屋顶绿化、立体绿化等多种形式的绿化。机关、事业单位办公楼及文化体育设施，符合建筑规范适宜屋顶绿化的，应当实施屋顶绿化。"以鼓励、倡导形式将开展屋顶绿化列入市人大通过的地方法规。

（2）2010 年 3 月，首都绿化委员会办公室公布《首都义务植树登记考核管理办法》，第十五条规定了 18 种义务植树尽责形式和计算标准，第 12 项规定："认建屋顶绿化 1 平方米，折算 3 株植树任务"。将屋顶绿化纳入了全民义务植树运动当中。

（3）2011 年屋顶绿化重笔写入北京市"十二五"规划，全市"十二五"期间要完成屋顶绿化 100 万平方米。北京市政府在与各区县政府签订的园林绿化责任书上，专门列入完成屋顶绿化、垂直绿化的任务指标。

（4）2012 年 3 月 27 日，北京市园林绿化局颁布了《北京市屋顶绿化建设和养护质量要求及投资测算》（京绿城发〔2012〕5 号）。

（5）2015 年，北京市发布《屋顶绿化规范》（DB 11/T 281—2015）。

2. 上海地区大事记

（1）2009 年上海市推广静安区经验，在全市实施屋顶绿化。补贴 10 元 /m^2。根据上海市"十二五"规划，5 年内将新增屋顶绿化 100 万平方米；全市新建公共建筑（适宜）屋顶绿化率将达到 95%。要求可利用的屋顶至少 50% 面积应绿化。

（2）2011 年，将包括屋顶绿化在内的立体绿化纳入全市"十二五"绿化发展规划，提出屋顶绿化 5 年增量目标达到 100 万平方米。

（3）2014 年 8 月 21 日发布《关于推进本市立体绿化发展的实施意见》（沪府办发〔2014〕39 号），提出将屋顶绿化作为城市绿化新的增长点和重要发展方向。

（4）2015 年 7 月 23 日，上海市人大表决通过《上海市绿化条例修正案》，成为国内首个以立法形式对公共建筑推行强制性屋顶绿化政策的城市。

（5）《2016—2017 年上海市立体绿化示范项目扶持资金申报指南》提出，单个项目同时具备不同立体绿化类型的，可以按不同立体绿化类型的面积及相应的扶持标准分别享受补贴。

（6）上海市颁布了《屋顶绿化技术规范》（修订），代替 DB 31/T 493—2010。

3. 广州地区大事记

（1）2009 年 7 月 1 日，深圳市农业地方标准《屋顶绿化设计规范》（DB 440300/T 37—2009）发布并实施。

（2）2013 年 8 月 20 日，《深圳市绿色建筑促进办法》施行。

（3）2014 年 3 月广东省住房和城乡建设厅印发了《广东省立体绿化建设指引（试行）》；2014 年深圳市发展和改革委员会、深圳市交通运输委员会、深圳市城市管理局联合发出《关于做好桥梁立体绿化的通知》。

（4）2014 年，深圳市新修订的《深圳市城市规划标准与准则》发布，鼓励通过多种形式的立体绿化增加绿量，各种绿化方式水平投影面积可累加计算，并规定了屋顶绿化可折算为规划控制的绿化覆盖率，对覆土深度 1.5m 以上的屋顶绿化可按 0.8 的系数折算。

（5）2019 年，《深圳市立体绿化实施办法》发布，提出充分利用建筑物的屋顶、架空层、墙（面）体、窗阳台和构筑物顶部、棚架、桥体、硬质边坡等进行立体绿化。

4. 河南地区大事记

（1）2013 年成立河南省城科会屋顶与立体绿化工作委员会，制定河南省地方《屋顶绿化技术规范》标准。

（2）2014 年制定河南省地方《立体绿化技术规范》标准。

（3）2016 年，希芳阁联合中国绿化基金会和如意湖办事处，向 5 所学校捐赠屋顶绿化 1 万平方米；郑东新区出台屋顶绿化奖补政策，花园式屋顶绿化补贴 50%，简单式屋顶绿化补贴 50%，垂直绿化补贴 40%。

（4）2017 年编制了《河南省城市绿地养护标准》，郑东新区在辖区内实施 30 万平方米屋顶绿化。

（5）2018 年 3 月，举办“河南省青少年立体植绿活动”，从一个屋顶到三个屋顶，从一个区到三个区，从一个城市到十个城市，每一年都是一次飞跃。3 月 10 日以郑州为主会场，开封、洛阳、新乡、安阳、焦作、许昌、漯河、周口、兰考等地方为分会场，同时启动青少年立体植绿活动，全省 30 家高校、青年环保组织 5000 余名青少年志愿者参与了植绿活动，当天立体植绿面积达 5 万余平方米、种植种苗 153981 株，荣获“世界吉尼斯纪录”。

（6）2018 年 5 月，希芳阁与中国建筑节能协会、郑东新区管委会共同承办第十一届中国 · 郑州（国际）生态城市与立体绿化大会，这是继北上广等国内一线城市后，首个落于河南的城市立体绿化国际性盛会。来自英国、法国、日本、新加坡等全球 40 多位专家学者和中国立体绿化行业从业者、环保志愿大学生共计千名嘉宾出席大会，共同研讨中国立体绿化和生态城市发展。

5. 山东地区大事记

（1）2016 年 10 月，山东省建筑节能协会立体绿化专业委员会正式成立。

（2）2017 年 2 月 1 日，山东省建筑节能协会立体绿化专业委员会主导编写的山东省工程建设标准《立体绿化技术规程》（DB 37/T 5084—2016）正式实施。

（3）2017 年 4 月，山东省建筑节能协会立体绿化专业委员会受政府委托，举办山东省《立体绿化技术规程》第一期宣贯培训班。

（4）2017 年，山东省住房和城乡建设厅将立体绿化作为 2017—2020 年十大重点发展项目之一。

（5）2018 年 6 月，济南市政府办公厅出台关于修正《济南市城市绿化条例》实施细则部分条款的通知，鼓励开展楼（房）顶绿化和垂直绿化。

6. 重庆地区大事记

（1）都市区（重庆市城市建设项目配套绿地管理规定）：

架空层绿化：

种植土层深度≥ 1.5m，按实际种植面积的 100% 计算绿化面积；1.0m ≤种植土层深度< 1.5m，按实际种植面积的 60% 计算绿化面积；0.4m ≤种植土层深度< 1.0m，按实际种植面积的 20% 计算绿化面积。

屋面绿化：

绿化种植土层深度≥ 0.3m、宽度≥ 4m、面积≥ 80m^2，可按其实际种植面积的 20% 充抵计算绿化面积。

（2）渝中区

凡屋顶绿化的单位或个人，在完成了基本配套绿化面积后所进行的屋面绿化，按 80 元 /m^2 给予经济补偿。

7. 其他地区大事记

1994 年，四川省颁布地方标准《蓄水覆土种植屋面工程技术规范》。

2007 年，《昆明城市立体绿化技术规范》分别对立体绿化、攀缘植物、墙面绿化、阳台绿化、屋顶绿化等 12 个专业术语进行了科学解释鉴定，并将立体绿化技术规范分为垂直绿化和屋顶绿化两部分。

2010 年，《杭州市区建筑物屋顶综合整治管理办法》适用于上城区、下城区、江干区、拱墅区、西湖区（以下简称五城区）范围内建筑物屋顶美化绿化的改造整治及相关管理活动。

2010 年，广西壮族自治区出台《关于实施“绿满八桂”造林绿化工程的意见》，全面实施涵盖山上造林、通道绿化、城镇绿化、村屯绿化和园区绿化的国土绿化工程。其中，屋顶绿化是增加城市“绿量”的有效手段。

2011 年，《西安市推进城市屋顶绿化和垂直绿化工作实施意见》提出市政府对屋顶绿化按每平方米 285 元的标准进行补贴。垂直绿化按建筑物正投影轮廓线计算，市财政按每平方米 50 元进行补贴。对各区的补助资金纳入市城建计划，各开发区行政区范围内绿化建设资金自筹，市政府将根据情况以奖代补。

2013 年，住房城乡建设部出台国家标准《种植屋面工程技术规程》，为屋顶绿化的发展提供了有力的技术支撑。

2014 年，《南京市立体绿化扶持资金使用管理办法（试行）》首次对立体绿化的项目进行扶持，其中，屋顶绿化达到 1000 平方米以上的单位可获财政补贴。

《合肥市城市绿化管理条例》明确提出："鼓励发展屋顶绿化、垂直绿化等多种形式的立体绿化和开放式绿化。"条例要求屋顶绿化、垂直绿化工程应当按照有关规定报批，其绿化面积可以按照规定比例折算为建设工程项目的配套绿地面积。同时，新建的公共服务设施、商业、金融等工程项目，高架桥、轨道交通具备屋顶绿化条件的，应当实施屋顶绿化。

四、中国建筑节能协会立体绿化与生态园林专业委员会

中国建筑节能协会是经国务院同意、民政部批准成立的国家一级协会，业务主管部门为住房城乡建设部。协会是由建筑节能与绿色建筑相关企事业单位、社会组织及个人自愿结成的全国性、行业性、非营利性社团组织，主要从事建筑节能与绿色建筑领域的社团标准、认证标识、技术推广、国际合作、会展培训等服务。

中国建筑节能协会立体绿化与生态园林专业委员会是隶属于中国建筑节能协会的分支机构，经民政部、住房城乡建设部批准成立的国家级协会，业务主管部门为中国建筑节能协会。该专业委员会是由立体绿化和园林相关企业及个人自愿参加的全国性、非营利性社会组织。

本组织成立十余年，多次在全国各地举办《立体绿化与海绵城市》高峰论坛，掀起立体绿化热潮，同时举办了各类国内立体绿化培训班，促进立体绿化技术的传承与发展；多次带领考察团赴欧洲、澳大利亚、日本、新加坡、美国、法国、德国、荷兰等多个国家，考察学习并交流。

五、立体绿化的意义

1. 立体绿化的重要性

在《国家卫生区标准》中，多次提到"积极实行立体绿化""见缝插绿""提倡开展屋顶、垂直等多种绿化形式"，在大中城市的中心城区，往往是寸土寸金，人口密集，绿化用地紧张，立体绿化更凸显其重要性、可行性。立体绿化是地面绿化、墙体绿化、屋顶绿化的总称，是与地面绿化相对应，在立体空间进行绿化的一种方法，就是为了充分利用空间，在房顶、墙壁、阳台、窗台、棚架等处栽种攀缘

植物，以增加绿化覆盖率，改善居住环境。立体绿化具有占地少，覆盖面大、造价低、见效快的优点，立体绿化不仅能够弥补平地绿化与家庭绿化的不足，丰富绿化层次，还有助于恢复生态平衡，改善不良环境，而且可以增加城市建筑的艺术效果，使之与环境更加协调统一。

2. 日益恶化的城市生态环境需要改造

目前我国城市空气质量报告显示，有 80% 以上的城市面临的主要空气污染物为可吸入颗粒物（也叫悬浮颗粒物）。要减少空气中这类颗粒物的悬浮，有一重要措施就是要减少城市的热岛效应，帮助城市降温。因为这能减少城市地面向上升腾的热气流，使颗粒物降落下来，附着于地面、建筑表面和植被中。

3. 当前城市绿化用地的紧张，需要推行立体绿化缓解

我国人口众多，可耕地资源和城市用地十分紧张。我国大中城市的中心城区，大都建筑拥挤，人口稠密，绿化用地紧张，立体绿化尤显重要和急迫，面对城市化、人口、环境资源的巨大压力和严峻的挑战，未来城市发展也必将体现生态文明这一时代特征，只能走城市生态化发展道路。立体绿化就是以空间换绿地，使绿化从平面走向立体，进一步拓展了城市的绿化空间，是城市绿化的新方向和有效举措，是节约土地、开拓城市空间、绿化美化城市的有效方法。

4. 立体绿化是衔接建筑与环境的需要

高层建筑因其体量庞大，在城市中往往有标志性的作用，对城市环境的塑造有不可推卸的责任，所以将立体绿化这一思想用于建筑设计应充分考虑城市整体环境，在造型上使绿化适应城市要求。立体绿化对高层建筑的室内设计也有指导意义。立体绿化对建筑还有保护及隐丑蔽乱的作用。

5. 立体绿化是绿色在三维空间中得到延伸的需要

过去，摩天大楼遮天蔽日，高速公路分割大地，一片片的绿树被侵蚀。人们已很难找回穿过森林时的幽静，远眺江河湖海时的舒展，面对奔流小溪时的神怡。立体绿化让人们可以获得良好的心理美感，绿色象征着勃勃生机，使人们感受到一种生命的希望。现在，立体绿化不仅可以对人体产生良好的心理效应，产生满足和舒适感，调解人的心理健康，绿色植物还可以抵御恶劣环境的污染，吸取灰尘和有毒气体、杀灭病菌。同时，树木能降低噪声、吸收二氧化碳，其释放氧气的功能是众所周知的。绿色植物还能挡住夏日阳光的辐射，有立体绿化的建筑物比无立体绿化建筑的室温要低 2 ～ 3℃。由此可见，搞好立体绿化是大有裨益的，它能调节人的神经系统，使紧张和疲劳得到缓和，使激动的人可以恢复平静。在高楼林立的都市建筑群中，绿色将成为人与环境对话的切入点。

10
中国立体绿化十年成就

第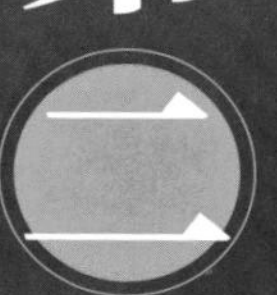部分

中国立体绿化十年成就展

项目篇
设计篇
材料篇
人物篇
企业篇

博林天瑞花园绿化景观工程

▶ 项目概况

项目名称：博林天瑞花园绿化景观工程

项目地点：深圳硅谷城市高新产业增长极的核心区域

项目规模：总占地面积达 3 万 m^2

施工单位：深圳市绿雅生态发展有限公司

▶ 项目简介

博林天瑞花园绿化景观工程位于深圳硅谷城市高新产业增长极的核心区域，毗邻中国顶级学府，拥有山、湖、林、海四维景观于一体的中央生态景观。在景观构造上以生态学理论、环保科技理念为指导，贯彻解决国家中长期发展中面临的重大关键性问题的基础研究，以再现自然，改善和维持小区生态平衡为宗旨，充分考虑居民享用绿地的需求，建设人工生态植物群落。尤其是在屋顶绿化和整体园建中，不仅多处使用新材料、新技术，同时也保证在整体绿化当中达到一种让人耳目一新的状态，营造出安静和优美的人居环境。

图 1　小区花园景观

▶ 项目特点

博林天瑞花园绿化景观工程包含泳池建设以及屋顶垂直绿化与小区整体相结合的新环保创新理念的园建风格，处处体现着现代科技感，以及环保节能与绿色整体交叉结合的特色景观工程理念。

图2　休闲洽谈区（一）

图3　花道走廊

图4　休闲洽谈区（二）

图5　无边框泳池

重庆渝高深蓝植物墙项目

▶ 项目概况

项目名称：重庆渝高深蓝植物墙项目

项目地点：重庆九龙坡区渝高深蓝

项目规模：总面积达 665m^2

施工单位：浙江森禾花之炫景观工程有限公司

▶ 项目简介

重庆渝高深蓝植物墙项目的植物墙是由二楼起跨越三楼的悬空形式，需要设独立承重。经精确计算，设计成离墙独立结构，并由墙体网格承重。为了保障植物的健康生长，森禾花之炫团队采用了五大核心技术体系：

1. 地气式种植系统

为了适应重庆夏季长期高温酷热的气候特点，栽培载体设计成专利地气式贯通卡槽，以减缓高温急速蒸腾导致的水汽缺失而造成的植物伤害，也为有效应对断水停电等突发事件奠定缓冲基础。该系统的设计使用年限达到最高的 20 年。

图 1　重庆渝高深蓝植物墙

2. 纳米汗渗灌溉

灌溉上采用了最新的纳米汗渗灌溉技术，规避了常规灌溉导致的堵水以及不均匀等困扰，减少了淋溶效应，也更便于管道维护检修。

3. 微雾降温系统

雾生系统的引入，为悬在空中的植物生长提供了合适的湿度环境，高温季节减少了叶片的蒸腾失水，降低了叶片温度，增大了负氧离子的生发率，更是一道新的景观亮点。

4. 双效肥药供给系统

采用长效能的缓释肥料固态供应与自动配比速效肥料液态供应双结合的肥药供给模式，切实保障了植物不同阶段的养分和植保需求。控制系统的自动化升级，很大程度降低了植物维护难度，节约了后期成本。

5. 植物甄选模型

森禾利用其在行业内几十年的研发优势，形成了一套依据当地物候条件的植物甄选系统，包括抗病性、需光性、耐旱性、观赏度、速生度、抗冻度等 12 大指标的综合评分系统，为同一个项目不同朝向选取适生树种，从最基础的层面满足健康生态的需求。

▶ 项目特点

本工程植物墙总长约 82m，宽约 8.11m，总面积达 665m^2，可以节能 40%，减少空调负荷 15%。夏季利用绿化隔热外墙可阻隔辐射，使外墙表面附近的空气温度降低，降低传导；而在冬季，它不但不会影响墙面得到太阳辐射热，而且能形成保温层，使风速降低，延长外墙的使用寿命。

据初步估算，665m^2 的生态绿墙可实现年滞尘量约 90t、年固碳量约 400t、年减排二氧化碳量约 10t，并能在夏季节省空调用电 10000kW·h，成为一个不折不扣的园区“绿肺”。

图 2　铜仁百花渡景区生态餐厅（使用该项目的植物墙技术）

图 3　铜仁百花渡景区接待大厅（使用该项目的植物墙技术）

图 4　北京“一带一路”会议地植物墙（使用该项目的植物墙技术）

七一城市森林花园

▶ 项目概况

项目名称：七一城市森林花园

项目地点：成都市新都区

项目规模：45 万 m^2

建设单位：成都七一置业有限公司

▶ 项目简介

七一城市森林花园建筑位于成都市新都城区，该项目由 8 栋各 30 层高的绿色住宅楼组成，建筑面积 15 万 m^2，共建有 826 户住宅，面积段为 112 ～ 400m^2，户型为城市森林花园户型，每户均有露台私家花园，生态、绿色，小区总绿化面积达 3.39 万 m^2，绿化率高达 160%，使建筑达到了“零占地”，是全球首个交房并入住的第四代建筑，有力推进了“公园城市”“森林城市”“生态城市”建设。它的所有户型都做到了动静、干湿分区，在传统户型空间的基础上，增设了担架电梯设计，满足了新住规的电梯设计。各户型平面布局规整，通采良好，各住栋不仅在首层设计了气派的入户大堂，地库层也设计了专门的地下入口大堂。

图 1　全景

图 2　侧面实景

图 3　独栋

图 4　内部实景

第四代住房是经过众多建筑专家团队历时 7 年时间的不断研发和不断创新所得，目前研发出了三种不同的建筑形式，包括“空中停车住宅”“空中立体园林住宅”“空中庭院住宅”，试点项目七一森林城市花园属于建筑形式之一的“空中庭院住宅”。

项目自建大型商业综合体——七一国际广场。它是城北首座 TOD 商业综合体，包括了购物乐园、生态住宅、五星级酒店、商务办公。项目商业面积签约率 97%，300 余家商户签约，140 家品牌首进新都，占总品牌数的 45%，集吃、喝、玩、乐、休闲购物于一体。广场由地下一层、地上六层及 5A 甲级写字楼和 5 星级世外桃源酒店共同组成，负一层商业与成都地铁三号线钟楼站无缝连接，步行即可到达。

▶ 项目特色

该项目采用了独特的平面布局、立面布局和“花园庭院转换技术”，并创造性地将它们结合在一起，使每家每户私家庭院的上一层外墙面全部都没有了窗户，同时还神奇地满足了所有房间的直接采光（包括所有卫生间都能采光），更不会出现“黑窗户、黑房子”“无私密性”和“无安全性”等任何问题。

图 6　出入口实景

图 5　庭院角落

图 7　花园庭院

图 8　外观实景

佛山市南庄大道美的时光项目展示区园林景观工程

▶ 项目概况

项目名称：佛山市南庄大道美的时光项目展示区园林景观工程

项目地点：佛山市禅城区南庄大道南侧、规划纵二路东侧

项目规模：总面积 6234.6m^2

建设单位：佛山市禅城区美葆房地产开发有限公司

▶ 项目简介

美的时光展示区园林景观项目是由中国林德景观规划设计工程有限公司设计，佛山市禅城区美葆房地产开发有限公司开发建设。该项目是美的集团在禅城区的首个房产项目，甲方及外界十分重视且要求比其他项目更高更标准、更细致。

▶ 项目特点

项目总体面积较小，结构较多，是所谓的“麻雀虽小，五脏俱全”，各类结构相对应必须使用高质量、高品质材料，冲孔铝板、石材等部分材料都需要现场量尺寸及异形定制处理。项目设施配备齐全，绿化与建筑完美融合，内含工艺技术要求高、施工工艺复杂的三个水景、三个特色花基、一个特色休闲空间、两个精神堡垒等结构。

图 1　入口水景

图 2　人行道

图 3　中心水景

图 4　入口水景夜景

图 5　停车场

恒大金名都二期项目园林景观工程

▶ 项目概况

项目名称：恒大金名都二期项目园林景观工程

项目地点：恒大金名都二期项目架空层及 G4 会所园林绿化工程

项目规模：总面积约 15000m²，其中架空层面积 11500m²，屋顶面积 1500m²，架空层顶板沙滩泳池面积 2000m²

施工单位：朗迪景观建造（深圳）有限公司

▶ 项目简介

恒大金名都项目是集住宅、商业、休闲娱乐于一体的大型生态都会社区，建筑面积达 86 万 m²，项目西、南、北三面被浔峰山森林公园环抱，是都会绿洲中的现代简约建筑群。

图 1　大面积屋顶绿化鸟瞰图

图 2　泳池、假山景观

图 3　热带风情沙滩泳池

图 4　步石镶嵌草坪

▶ 项目特点

本工程是为了将小区会所建造成为恒大金名都项目的亮点，提升整个小区的环境价值的工程。利用屋顶建造了一个无边际泳池，配以种植棕榈科植物，营造成东南亚风情。在屋顶建泳池种植绿化，不仅增加了屋顶的利用率，也增加了小区的绿化率。本工程还建造了广州首个社区沙滩泳池，通过采购高品质细沙建立沙滩，并搭配了假山叠水、木质过桥、绿植，营造成自然戏水的环境。二期园林景观项目周边绿化是建立在地下车库上面的，在楼面上以自然土地植被、水池、泳池、绿色植物的现状取代硬质铺装，达到增加小区绿地面积，减少小区热岛效应，美化小区环境的效果。更重要的是，由于热岛效应的减少从而达到节能的目的。

图5 假山叠石

图6 钢结构造型墙

图 7　林间休闲栈道

图 8　植物错落有序

领秀梦舒雅厂区屋顶农场绿化

▶ 项目概况

项目名称：领秀梦舒雅厂区屋顶农场绿化

项目地点：领秀梦舒雅厂区“云端”屋顶农场位于郑州市西四环领袖梦舒雅 4 楼屋顶

项目规模：总面积约 4000m^2

施工单位：河南希芳阁绿化工程股份有限公司

▶ 项目简介

领秀梦舒雅屋顶农场主要是以蔬菜种植满足食用为主，更大面积地利用上层空间创造种植场地，主要设置为农业体验活动，功能主要包括种植地块租赁、农业种植、农业采摘、儿童自然课堂、亲子活动等。

图 1　领秀梦舒雅厂区屋顶农场绿化俯拍图

图 2　领秀梦舒雅厂区中间廊道

图 3　领秀梦舒雅厂区屋顶农场

绿色建筑适宜技术试点项目

——垂直绿化示范项目研究建设

▶ 项目概况

项目名称：绿色建筑适宜技术试点项目——垂直绿化示范项目研究建设

项目地点：宁波市鄞州区甬港南路211号宁波市住房和城乡建设培训中心大楼

项目规模：宁波市住房和城乡建设培训中心大楼中庭四面建筑墙体

施工单位：宁波市住房和城乡建设培训中心——宁波市花木有限公司

▶ 项目简介

该项目充分利用建筑不同表皮特征，采用不同类型绿化方式，控制成本的同时提供更多科研样本。不同的绿化手法，采取不同特征的植物品种，实现常年有绿，同时提供更多科研样本。综合考虑现状种植槽位置及成本，维护采用自动浇灌和人工浇灌相结合的手法。

垂直绿化品种应选取有一定攀缘能力、具有观赏性的植物，并且应根据建筑的阴面、阳面选择植物。

阳面植物：花叶络石、蔓性月季、凌霄、油麻藤、紫藤、黄木香、金银花、五叶地锦、鸡血藤、意大利络石藤、五彩络石藤、西番莲、扶芳藤、葡萄藤。

阴面植物：爬山虎、花叶蔓、常春藤、薜荔。

图1　项目植物分布

项目特点

建筑为合院式，内院西面及南面墙体日照遮挡较大，北面及东面的日照情况较好，植被成长较好且科研成果的可靠性更高，可作为外墙绿化重点区域。日照与节能紧密联系，西晒较严重的沿街面外墙内为办公空间，内院西晒墙为客房部主入口面，内为走廊空间，作为不同类型的节能测算。

从日照情况分析，内院主要日照面为北侧及东侧（重点设计），南面及西面为阴面，考虑喜阴植物或对日照要求不高的植被，进行不同日照情况下的垂直绿化评估。

外墙面设计简洁，特征明显，设计尊重现有肌理进行绿化设计。走廊外墙受力差，绿化必须根据梁位做相关花池布置；

屋顶宜根据结构受力情况布置屋顶绿化，同时对设备进行遮挡等美化处理；

室内部分走廊内绿化按照可能性及实时性差别布置。

本项目在开展垂直绿化示范后，达到如下效果：

（1）展示建筑垂直绿化实际效果；

（2）开展养护成本核算、养护难易程度评估；

（3）开展宁波地区垂直绿化植物种类选择研究；

（4）开展垂直绿化对墙体节能效果影响实测研究；

（5）进一步验证修改完善宁波市地方标准《宁波市立体绿化实施细则》《宁波市绿化植物配置及建筑构造图集》。

图2　屋顶绿化及廊架

图3　内院立体一角

南京青奥文化体育公园项目园林景观绿化及相关配套工程（二标段）

▶ 项目概况

项目名称：南京青奥文化体育公园项目园林景观绿化及相关配套工程（二标段）

项目地点：南京市建邺区（东起油坊桥，西至夹江，南起城南水厂，北至绿博园）

工程规模及特征：总面积约 17 万 m^2

施工单位：武汉农尚环境股份有限公司

▶ 项目简介

青奥文化体育公园位于南京市建邺区，是南京青奥会唯一新建场馆区域。其中，武汉农尚环境股份有限公司承建施工了青奥文化体育公园项目园林景观绿化及相关配套工程（二标段）（以下简称“青奥体育公园二标段”）。

图 1　青奥文化体育公园夜景

青奥体育公园二标段东起油坊桥，西至夹江，南起城南水厂，北至绿博园，占地面积约 17 万 m^2，包含健身中心、文化艺术中心、别有洞天、和园老宅、预留运动场等施工区域。其中，别有洞天、公园中心及和园老宅等多处施工区域涉及屋顶绿化和车库顶板绿化工程，极致地展现和烘托了现代文明与古老历史文化交融之美。

屋顶绿化和车库顶板绿化工程施工与地面施工相比，一方面光照强度更大，缺乏遮挡，日光直射时间更长，因此更易造成干旱；另一方面，由于屋顶荷载有限，种植土层必然较薄，所以植物移栽过后，养护期内土层保水和植物营养供给也都需要采取特殊的技术措施。这些现实难题，和项目所在地典型的夏热冬冷的极端气候特点，尤其施工时恰逢酷暑炎热是本项目施工的巨大挑战。

图 2　青奥体育公园入口

图 3　徽派建筑代表“和园”之园林小景

▶ 项目特点

本项目在植物品种选择上慎重考虑，供屋顶绿化和车库顶板绿化使用的均为阳性、耐旱、耐寒的浅根性、低矮、抗风且耐移植的植物品种。

图 4　石雕门窗园

其次，本项目应用了本公司在屋顶绿化方面的三项自有技术:“一种用于土壤改良的排水装置”“一种轻质实用的花箱”和“一种高效防根系穿透的防水卷材结构”。从具体实施效果来看，土壤排水系统适宜大面积铺设，能满足布置简单且长期有效的应用要求；轻质花箱作为新型轻质栽培辅材，大大减轻了屋顶承重负担，且其保水保肥力满足了筛选出的本土屋顶绿化适用植物的生长发育要求；高效防根系穿透的特殊卷材则使植物主根生长范围得到很好的限制，有效防止了植物根系对建筑主体的破坏。经过本项目的应用和逐步优化，目前本企业已将以上三项自有技术转化成了自主知识产权，与该技术体系配套的企业内部屋顶绿化施工作业标准也在逐步完善中。

另外，本项目在材料应用和施工工艺上也充分融入了节能环保理念，如别有洞天的屋顶绿化土方回填中，采用轻质泡沫混凝土打底、外覆种植土的方式，这样节约了大量的土方运输及施工机械能耗；植物配置均选用适应当地气候的乡土树种，提升了移栽成活率，同时节省了后期养护能耗；照明主要采用节电、环保、寿命长的 LED 光源；园建的人行道部分采用了透水、质轻、强度高、耐腐蚀的火山岩黑洞石嵌草铺装，门柱造型采用了无须涂漆保护、抗大气腐蚀和耐候性能出色且造型省工节能的耐候钢等。本项目通过以上节能材料和技术的应用，有效控制了施工及项目交付使用后的全寿命周期能耗。以别有洞天为例，由于外围及屋顶采取了绿化覆盖措施，即使在炎炎夏日也能保证不开空调都比常规建筑的室温平均低 5℃左右。而在冬季，则能起到一定的保温作用，同样节能效果明显。

图 6　超大规格百年朴树

图 5　明清古石雕博览

图 7　立体绿化景墙

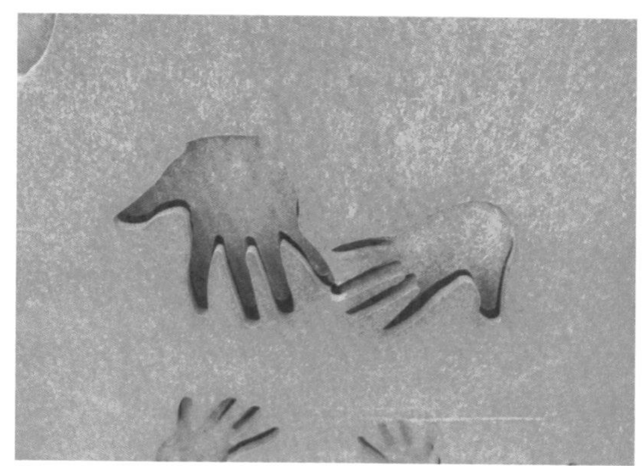
图 8　耐候钢板手印

图 9　耐候钢板门柱

图 10　环保节能 LED 灯效

七宝万科屋顶花园——高线花园集市

▶ 项目概况

项目名称：七宝万科屋顶花园——高线花园集市

项目地点：七宝万科广场

项目规模及特征：总面积约 8000m^2

施工单位：上海溢柯园艺有限公司——DCT 设计建造事务所

▶ 项目简介

本项目是 2015 年溢柯联手万科打造的七宝新地标，对该屋顶进行施工建造，历时 6 个月完成并通过验收。

▶ 项目特点

七宝万科 8000m^2 的屋顶上，高线运营的业务有三个板块：

（1）租给小商户、售卖园艺产品的升级版“花鸟市场”；

（2）分时出租，可用来烧烤、聚会和求婚的“私家花园”；

（3）比室内更亲近自然的儿童乐园。

图 1　园路

图2　草坪

图3　建筑景观

图4　小品

图5　植物配置

区域循环农业与绿色校园工程

——杭州濮家小学教育集团

▶ 项目概况

项目名称：区域循环农业与绿色校园工程——杭州濮家小学教育集团

项目地址：杭州市江干区机场路 110 号

项目规模：总面积约 $2000m^2$

施工单位：杭州乐成屋顶绿化工程有限公司、浙江家乐蜜园艺科技有限公司

设计单位：浙江省农业科学院

▶ 项目简介

在校园中开辟屋顶农场，建筑外墙与廊架下种植爬藤类植物，走廊与连廊外设置种植池，种植垂挂植物。同时地面配套建设生态牧场，生物质垃圾处理车间，沼气池，雨、污水收集池与无害化处理系统，灌溉泵站等一系列工程。

图 1　濮家小学校园立体绿化

图 2　濮家小学屋顶菜园

项目从 2014 年改造完成，至 2019 年已平稳运转 5 年，校园建筑屋顶、墙体表面披上绿色，屋顶绿化、墙体绿化与地面绿化已混为一体，卫星图上已分不清地面与建筑的界限。引入与改良传统循环农业系统，将餐饮剩余物，农业副产品，绿化废弃物，人、畜粪尿等生活生物质废弃物与生活污水经农业生物链途径逐级传递、分解与利用，最终在校园内得到全部消纳。因此无论从校园区域绿植全覆盖的表面“绿”还是从农业副产品、师生生活生物质废弃物、生活污水零排放（清洁环保）的内在“绿”来说，无疑是目前国内外首个名副其实的绿色校园，真正的“低碳”“负碳”工程。

▶ 项目特点

校园引入农业，$2000m^2$ 左右的屋顶农场每年可生产约 1.5 万 kg 杂粮与蔬菜，1000kg 水果、800kg 猪肉和 $1000m^3$ 沼气。全部农产品出售能获得约 15 万元收入，进入学校阳光基金，学生通过自己努力筹集资金，援助贫困地区教学事业特别有意义。

图 3　濮家小学屋顶鱼塘与湿地

学校是教书育人之地，尤其中、小学生是知识增长积累最重要的阶段，让学生参与农业劳动与废弃物处理，并非把学生培养成为农民或环卫工人，而是让学生通过感性认知，从小了解与厘清与人类生存息息相关的土地、粮食、蔬菜、建筑、能源、环保、绿化、海绵城市、区域空间利用、动植物、微生物、生活废弃物、生活污水等各类事物的概念，弄明白资源与垃圾之间的内在联系，理解“垃圾是放错地方的宝贝”的真切含义，培养学生节俭、环保、维护生态的好习惯。也让学生明白，中国对于地球资源利用的智慧，远比“西方”社会科学而高明，假如有学生长大后从事上述领域的工作，相信他会有更全面的思考。

濮家小学打造的绿色生态、低碳、低成本、可持续的绿色校园样板，并非只局限于学校，也同样适用于农村及城市中各种形式的建设区域。

图 4　濮家小学校园垂直绿化

图 5　濮家小学屋顶粮田

深圳市大运软件小镇屋顶花园建设示范工程

▶ 项目概况

项目名称：深圳市大运软件小镇屋顶花园建设示范工程

项目地点：深圳市龙岗中心片区的软件产业园的中心地带

项目规模：总施工面积约 2.05 万 m^2

施工单位：深圳市万年春环境建设有限公司

▶ 项目简介

大运软件小镇位于深圳市龙岗中心片区的软件产业园的中心地带。随着现代化城市不断地进化，城市的环境也受到了很大的影响，于是寻觅一条可持续发展的道路是目前发展的必然趋势。本工程定位为“探索可持续性发展道路的绿化工程”。

图 1　大运软件小镇屋顶花园鸟瞰图

图 2　大运软件小镇入口鲜花簇拥景石

图 3　花架植物组景

屋顶花园不但降温隔热效果优良，而且能美化环境、净化空气、改善局部小气候，还能丰富城市的俯仰景观，能补偿建筑物占用的绿化地面，大大提高城市的绿化覆盖率，是一种值得大力推广的屋面形式。

图 4　大运软件小镇绿荫小道

图 5　屋顶休闲花园

图 6　现代产业园区景观

▶ 项目特点

（1）精选综合抗性强的草坪。根据华南地区的气候特点，本工程精心挑选出华南铺地锦竹草作草坪，它具有明显的耐旱、耐热、耐瘠薄和根系浅的特点，为后期管理创造条件。它少浇水、不施肥、不洒药，还能解决屋顶的隔热、美观、雨水净化等问题。

（2）采用先进的节水节能灌溉系统。本工程采用微润系统和滴管，微润灌溉是目前国际上公认的最节水的灌水技术，它具有给水自动调节功能，无须动力、施工方便、给水均匀，其用水量为滴灌用水量的 20% ～ 30%，节水达 70% 以上，是当前国内外节水灌溉发展的重要方向。

（3）通过科学配比，采用轻型种植土，大大减轻了屋面荷载。

（4）规范施工和注重细节保证了屋顶防水质量。

（5）节能环保效果明显。隔热效果明显，对减少热岛效应、净化空气、降解空中浮尘、整合城市环境、营造和谐社会都有良好的效果。

（6）营造优美的空中景观，改善城市的生存空间，打造适宜于现代人群的环境，体现现代产业园区高深技术的企业文化。

图 7　屋顶花园花开四季

深圳市南山区丽湖中学立体绿化工程

▶ 项目概况

项目名称：深圳市南山区丽湖中学立体绿化工程

项目地点：深圳市南山区丽湖中学

项目规模：总面积约 1170m^2

施工单位：广东中绿园林集团有限公司

▶ 项目简介

本项目包含建筑外立面垂直绿化共九处，总面积约 550m^2；攀爬式墙体绿化，约 500m^2；生物园凉亭绿化，约 120m^2。项目是政府投资，工程造价 623559.71 元。本项目主要目标是解决学校绿化的局限问题，改变了校园内原有的平面绿化的种植方式，向立体墙面要空间，把绿化植物引用到校园的立体空间。采用攀爬式墙体绿化植物栽植方式，选用颜色深浅不同植物栽植容器，植物沿着墙面、篱栅、柱杆从下向上生长。这既增加了校园内绿色植物的种植面积，同时为学生们提供更优美的学习环境。

图 1　教学楼建筑外立面攀爬式墙体绿化

图 2　出入口绿化花圃

图 3　教学楼建筑外立面垂直绿化（一）

图 4　教学楼建筑外立面垂直绿化（二）

图 5　教学楼建筑外立面垂直绿化（三）

盛景翠湖办公区大厦屋顶菜园

▶ 项目概况

项目名称：盛景翠湖办公区大厦屋顶菜园

项目地点：北京清华科技示范园内

项目规模：本项目种植面积为 195m^2，其中草坪种植面积为 30m^2，蔬菜种植面积为 165m^2

施工单位：唐山德生防水股份有限公司

▶ 项目简介

盛景翠湖办公区大厦高 29m，屋顶设计面积为 437m^2，屋面构造比较简单，原设计为种植屋面。屋顶菜园项目于 2016 年 10 月设计完稿，2017 年 4 月完成施工，本项目种植面积为 195m^2，其中草坪种植面积为 30m^2，蔬菜种植面积为 165m^2。

图 1　项目完工图（一）

▶ 项目特点

本项目为屋顶菜园，其作为屋顶绿化的另外一种表现形式出现；从海绵城市建设角度，它也是海绵城市中源头控制中的重要一环，不仅增加绿化面积，还能为建筑周围提供良好的环境、降低建筑噪声、促进人们身体健康和心理愉悦感，在直观上提升人们的后现代环保意识。

（1）屋顶美化

利用多种元素进行横向及竖向的空间设计、围合空间，使自然景观充分融入视野，并注重视觉美化效果。

（2）功能满足

人性化的设计成为景观理念的主导思想，把屋顶创建成绿色的商务洽谈中心；绿色、有机蔬菜生产中心；员工健身及团队建设活动中心。

图 2　项目完工图（二）

图 3　项目完工图（三）

图 4　收获的蔬菜

（3）屋顶菜园

屋顶菜园中的蔬菜、草坪等绿植，具有净化空气，涵养雨水；抵消部分城市雨洪；降低建筑物“热岛效应”；降低环境噪声危害等众多功能，让人们的生活、工作环境更舒适。

提供有机蔬菜，现摘现吃，新鲜且有营养，绿色健康无公害。

经济适用，投入低、产出高，易于打理、维护，提供可观的经济收益。

（4）新技术应用

采用德国轻型屋面设计，草坪采用100mm 厚种植岩棉作为基质，提高基础吸水性、保水性。

（5）节能降耗

以太阳能为基础，在屋面上安装 24 盏草坪灯，在简约风格的基础上，降低能源消耗。

图 5　生长期图（一）

图 6　生长期图（二）

图 7　生长期图（三）

天地粤海屋顶花园

▶ 项目概况

项目名称：天地粤海屋顶花园

项目地点：河南天地粤海酒店“云端”空中花园位于郑州市农业路天地粤海酒店 17 楼楼顶

项目规模及特征：河南天地粤海酒店“云端”空中花园，是郑州市第一个体验式空中花园，屋顶造地约 2050m^2，开辟了花园式屋顶绿化和屋顶农场

施工单位：河南希芳阁绿化工程股份有限公司

▶ 项目简介

河南天地粤海酒店“云端”空中花园位于郑州市农业路天地粤海酒店 17 楼楼顶，屋顶面积 2050m^2，混凝土板面承重系数为 375kg/m^2，符合国家相关规范，具备进行屋顶绿化和屋顶农业项目的实施条件。天地粤海酒店“云端”空中花园以四星级酒店为依托，举办空中婚礼、空中影院、商务会谈、私人聚会、亲子屋顶农场等。

图 1　项目鸟瞰图

图 2　天地粤海举办商务聚会

▶ 项目特点

设计理念——实现“借地球一亩地，还地球四亩绿”的目标。

设计风格——河南省是农业大省，充分考虑到河南的特色，打造既能观赏又能体验的田园式景观。

按功能作用划分为儿童区、蜕变区、尊享区。

1. 儿童区

给孩子提供一个可以参与植物种植的环境，培养孩子的爱心，明白有付出就会有回报的道理。

2. 蜕变区

婚礼场地为主，为年轻人结婚提供户外空中婚礼场地。新郎的海誓山盟，这一刻，她是世界上最幸福的新娘。

3. 尊享区

以商务体验为主，为喝茶、聊天、商务谈判提供一个户外的优美环境。

图 3　天地粤海举办婚礼

厦门中航紫金广场屋顶绿化项目

▶ 项目概况

项目名称：厦门中航紫金广场屋顶绿化项目

项目地点：厦门岛东部

项目规模：总面积约为 15000m^2

施工单位：上海中卉生态科技股份有限公司

▶ 项目简介

项目位于厦门岛东部，属厦门未来规划的城市“中城”部分。由于地理位置优越，面向金门，紧邻城市重要干道的交叉口，项目定位为地标性建筑、城市形象标杆。屋顶绿化工程分为花园式绿化和平铺式绿化两种，屋顶绿化面积为 15000m^2。

图 1　项目鸟瞰图

图 2　局部图（一）

花园式绿化主要在可以上人的屋面上进行；平铺式绿化则在不可上人的屋面上建造。厦门一年四季满目葱绿，人们从高处俯视时能增加绿视，放松心情。

▶ 项目特点

厦门中航紫金广场屋顶绿化项目是目前中国地理位置最高的屋面绿化，施工难度高，设计时充分考虑厦门中航紫金广场屋面的承重、防水、排水等安全需要，采用中卉绿植草产品，由 10 名绿化工人仅仅花费 2 天时间，就全部完成了整个施工，施工效率非常快。

▶ 所获奖项

荣获 2018 年度建筑防水行业科学技术奖——工程技术奖（金禹奖）金奖。

图 3　中航紫金广场

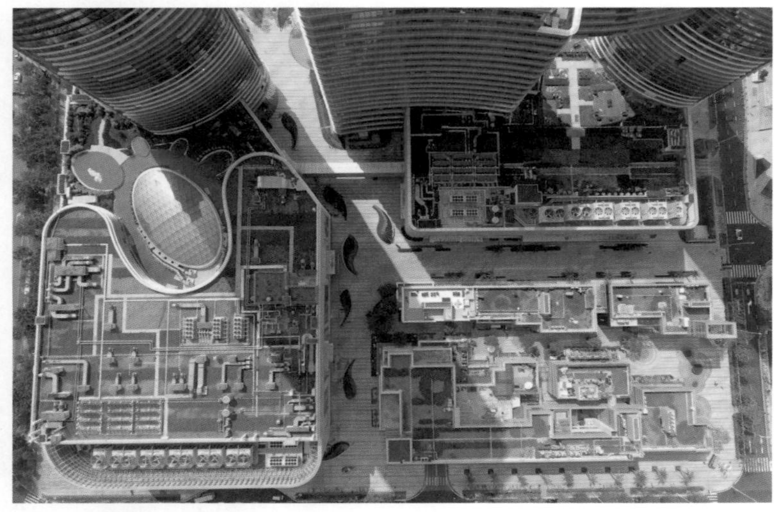

图 4　中航紫金广场全貌

图 5　局部图（二）

图 6　局部图（三）

新建紫东国际创意园 A1、A5、A7、F1、F2、F3 栋屋面景观绿化工程

▶ 项目概况

项目名称：新建紫东国际创意园 A1、A5、A7、F1、F2、F3 栋屋面景观绿化工程

项目地点：南京市栖霞区紫东路 1 号（马群 8 号地块）

项目规模：主要范围为 A1、A5、A7、F1、F2、F3 栋整体屋面的绿化。其中灌木株为 752 株，乔木 23 株，绿篱 3152.52m^2，麦冬 596.9m^2，草坪 200m^2，休闲坐凳 110.19m^2，土建面积为 1070.13m^2，碎石基层 990.44m^2，混凝土垫层 990.44m^2，零星砌筑 233.01m^2，零星抹灰 527.99m^2，排水板 5524.6m^2，土工布 5524.6m^2。

施工单位：江苏贞林环境建设有限公司

图 1　创意园大门立体绿化

图 2　创意园屋顶绿化

▶ 项目简介

本项目所在地南京是典型的夏季炎热、冬季寒冷的气候，屋顶绿化施工正值南京的酷暑时节，这样的极端气候对于常规地栽植物的移植成活尚且是巨大挑战，屋顶环境相较于地面环境，一方面光照强度更大，缺乏遮挡，日光直射时间更长，因此更易造成干旱；另一方面，由于屋顶荷载有限，种植土层必然较薄，所以植物移栽过后，养护期内土层保水和植物营养供给也都需要采取特殊的技术措施。

▶ 项目特点

本项目充分考虑了植物品种选择的重要性，供屋顶绿化使用的均为阳性、耐旱、耐寒的浅根性、低矮、抗风且耐移植的植物品种。

整个屋顶花园的设计，以实用、精美和安全为原则。“实用”是营造屋顶花园的最终目的；“精美”是屋顶花园的特色与造景艺术的要求；“安全”则是实现屋顶绿化可持续性的保障。通过对以上问题认真细致的考量，以及结合现场屋顶的实际情况，我们在屋顶运用了早樱、紫薇、紫叶李、高杆女贞、柿子树等乔木，搭配果石榴、海桐、金桂、金森、女贞等灌木以及麦冬等地被植物，植物从高到低布置，常绿树木与开花植物遥相呼应，营造了错落有致的视觉效果；石榴树与柿子树这些果树的加盟，起到了画龙点睛之笔，让整个绿化生机勃勃。弯曲的青砖小路与花岗岩汀步的结合，可以带你领略到绿化的每个角落，可以让工作中忙碌的人们在有限的时间和空间内更多地接触自然，亲近自然，投入到自然的怀抱，融入绿色的环境，放松身心。

图 3　室内垂直绿化

图 4　室内绿化一角

图 5　室内立体绿化

图 6　项目全景

屋顶蓄水种植系统方案

▶ 项目概况

项目名称：屋顶蓄水种植系统方案
项目地点：杭州奔丰汽车配件有限公司
项目规模：1050m^2
建设单位：杭州乐成屋顶绿化工程有限公司

▶ 项目简介

本项目由浙江农业科学院、杭州乐成屋顶绿化工程有限公司、丽水市建筑设计研究院、浙江家乐蜜园艺科技有限公司合作研制完成。

屋顶蓄水种植系统是在建筑屋顶水池或将屋面做成蓄水池的基础上，在屋面做完防水及保护层之后进行的种植设计，即在防护层之上根据建筑荷载与种植需要，设置 6 ～ 12cm 的“硬质海绵体”蓄水层（建立人工地气系统）+15 ～ 30cm 的种植基质。利用蓄水层与种植层的自动吸纳滞留雨水来满足植物生长对水分的需求，不需要太多人工补水的种植方案，即使补水也很方便，只要将水直接抽入蓄水层（水池）即可，因此不需要太多灌溉附属设施与设备。

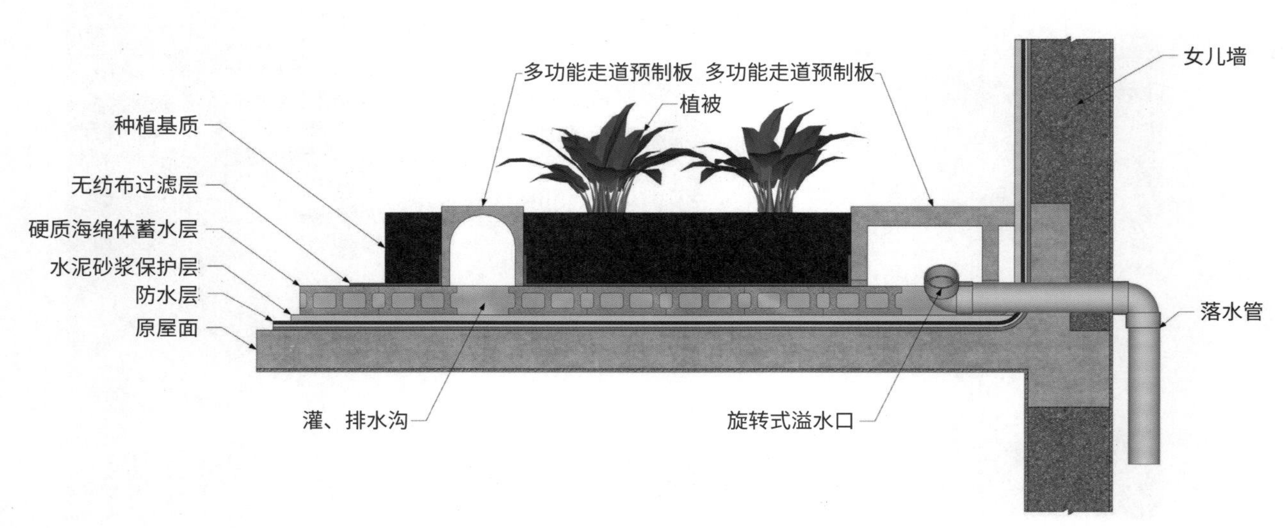

图 1　屋顶蓄水种植系统模型

图 2　杭州奔丰座椅有限公司屋顶蓄水种植

图 3　屋顶蓄水种植材料与施工照片

图 4　杭州濮家小学屋顶农业蓄水种植

屋顶蓄水种植系统，在原于 1993 年浙江永康建筑设计院设计建成的永康第三中学教学楼屋顶植草屋面基础上改进而成。当时设计按 10cm 砾石排水层 +20cm 原土种植层，由于嫌频繁灌水麻烦，后将出水口抬高了 10cm，排水层成了蓄水层，很少再需人工补水。至今已 27 年，草皮屋顶成了森林屋顶，整幢教学楼顶有 53 棵香樟与其他杂树，最大树杆直径达 30cm，经历数十个台风考验，仍安然无恙。

屋顶蓄水种植系统，用于杭州市萧山区瓜沥镇杭州奔丰汽车配件有限公司厂区屋顶农场，10cm 蓄水层 +25cm 原土种植层。从 2014 年建成时注水后试种至 2018 年，仅在每年夏、秋季各补水 1 ～ 2 次，其余靠雨水维持，作物长势一直很好。用于杭州市萧山区党湾镇勤联村生态农居屋顶农业、杭州丁兰实验中学、杭州濮家小学及丽水莲都山地公寓等屋顶农业种植试点，虽然蓄水层深度及种植基质种类与厚度有所不同，但均显示出不用太多补水的效果。用于杭州市淳安县文昌镇光昌边村生态农居阳光房下的屋顶农业种植（完全接触不到雨水），10cm 蓄水层 +22cm 种植层，采用中水自动补水灌溉，补水频率在 22 ～ 36 天之间。

▶ 项目特点

屋顶蓄水种植模式解决了屋顶种植的灌溉问题，开辟了生活污水（中水）安全用于屋顶灌溉的途径。中水通过地下沟渠暗灌，与外界完全隔离，既安全卫生，也避免蚊蝇孳生，有可能实现城镇居民生活污水（中水）在产生地源头通过屋顶农业（绿植）就地消纳，有利于改善生态环境。

屋顶蓄水种植设计，不但解决了屋顶因脱离地气灌溉方面的许多麻烦，还省却了如蓄水种植屋面不再需要建筑找坡层；蓄水层 + 基质层 + 植被层具有无与伦比的保温隔热功能，屋面可不再另设保温隔热层；蓄水种植屋面相当于一只大水池，屋面不需要再设排水沟，也不用再铺设蓄排水板；蓄水层阻止了植物根系的穿越，屋面也不需要另设阻根穿刺层等。凡此种种蓄水种植屋面从建筑施工、种植施工到种植养护均变得简单与方便，还节材、节能、节水，省时、省力、省心。该屋顶种植创新设计，不仅适合屋顶农业种植，也适合屋顶花园和阳台种植，具有广泛的应用前景。

图 5　永康三中屋顶花园

图 6　杭州市萧山区党湾镇勤联村生态农居屋顶农业

中国建筑股份有限公司技术中心立体绿化项目

▶ 项目概况

项目名称：中国建筑股份有限公司技术中心立体绿化项目

项目地点：北京市顺义区林河大街 15 号

项目规模：总面积约为 1000m^2

施工单位：中建工程研究院有限公司

▶ 项目简介

本项目位于北京市顺义区林河大街 15 号，为中国建筑技术中心实验 / 办公楼，2014 年完工，意在以立体绿化的方式，打造具有生态效能的建筑体。项目包括屋顶绿化、室内垂直绿化、室外垂直绿化三部分，同期进行设计施工，在一栋建筑体上集成打造“互联网 + 生态空间”。

▶ 项目特色

室外垂直绿化为北方城市第一面越冬室外植物幕墙，室内垂直绿化采用智能运维管理的方式，将室内生态空间打造成为建筑体“绿肺”，是第一个真正意义上的生态空间实验室。

图 1　室外垂直绿化

图 2　室外空间绿化

图 3　生态休闲区

图 4　学术交流区

图 5　生态空间

项目屋顶绿化共计 1000m²，包括屋顶花园以及佛甲草简式屋顶绿化两种形式，只能采用灌溉。

室内垂直绿化在一个专门的房间内进行，结合智能控制系统对整个空间的环境进行进一步测量，打造建筑体内的"绿肺"，在设计中注重空间功能的划分和立体绿化技术的运用，提供了一个集健身、休闲、会议于一体的多功能绿色空间。

室外垂直绿化总面积约 300m²，朝向为南，是目前中国北方第一面面积大并且成功越冬的室外植物幕墙。主要采用垂盆草、胭脂红景天等植物。

图 6　生态空间会客区

图7　生态健身区

图8　效果展示

杭州国际博览中心屋顶绿化项目

▶ 项目概况

项目名称：杭州国际博览中心屋顶绿化项目

项目地点：位于杭州市萧山区

项目规模：总面积约为 $62000m^2$

设计单位：杭州园林设计院股份有限公司

建设单位：杭州奥体博览中心萧山建设投资有限公司

施工单位：杭州中艺生态环境工程有限公司

▶ 项目简介

杭州国际博览中心位于杭州市萧山区，是2016年杭州G20峰会的主会场。由杭州中艺生态环境工程有限公司承建的杭州国际博览中心屋顶花园，以“我心相印”为主旨，很好地响应了G20峰会主题，不仅为领导人的午宴与休憩提供舒适、休闲的整体环境，也充分体现了以“杭州元素”为代表的东方传统林泉景致在当代城市中焕发的蓬勃生机与鲜活记忆。G20峰会期间，习近平主席盛赞其为“目前国内面积最大、功能最全、中国特色最浓、生态环境最优的屋顶花园”。

图1　一区水系造景

杭州国际博览中心屋顶园林绿化项目深获市省部各级领导赞扬。其将使建筑屋顶成为净化空气、节能减排的最佳实践场所，以让公众在休闲娱乐中受到节约资源、保护环境的教育作为目标，让自然做功，通过雨水收集与自动灌溉系统模拟自然界雨水循环的过程，使屋顶绿化成为天然的过滤器和储存器，构建城市屋顶绿地雨污水综合利用系统，实现园林景观与净化环境的协调统一，为城市节能减排提供样板，为城市生态环境的改善及水资源再循环利用提供参考，促进了有利的生态环境容量和承载力。

图2　项目全景

▶ 项目特色

屋顶花园拥有 1 万多株各类苗木树木，借鉴了西湖景观的造景手法，将花港观鱼、平湖秋月、断桥残雪等西湖景观以崭新的表现手法融合在 6.2 万 m^2 的绿化中，以“西湖明珠从天降、龙飞凤舞到钱塘”为设计理念，将园林建筑、小品、置石、理水、植栽艺术浓缩在一起，林木葱郁、水石叠景，诗意地阐释了江南园林的独特韵味。屋顶花园中的“我心相印亭”取自西湖的小瀛洲之景，通过传统园林的造林手法将其与主厅这两个空间相融合，使静止状态立刻转化为流动状态。通过地形堆叠与苗木组团构筑多变的空间景观，山环水抱的意境让江南风情更具文艺气息。

图 3　国博照片

G20 主会场屋顶花园绿化工程不单单是一个屋顶花园的营建，它是建筑生态小环境优化营建技术的创新，也是中国传统文化的凝聚地与承载点，它的诞生为后钱塘时代的开启写下浓墨重彩的一笔。

▶ 所获奖项

杭州国际博览中心屋面园林绿化项目先后获得国家优质工程金质奖、2016—2017 年度中国建设工程鲁班奖（国家优质工程）、中国屋顶绿化与节能优秀设计作品、2017 年度浙江省建设工程钱江杯（优质工程）奖、2017 年度浙江省“优秀园林工程”金奖、2016 年度园冶杯市政园林奖（工程类）大奖、2016 年度杭州市优秀园林绿化工程金奖、2016 年度杭州市建设工程“西湖杯”（建筑工程奖）、G20 峰会优秀建设工程等多项各级大奖。

图 4　侧景

图 5　夜景

图 6　国博景观（一）

图 7　国博景观（二）

大兴北京小学翡翠城分校屋顶花园

▶ 作品概况

作品名称：大兴北京小学翡翠城分校屋顶花园

作品地点：北京市大兴区黄村镇成庄南巷 10 号

建造规模：项目包含教学楼与专业教学楼两个建筑屋面的绿化设计，总面积约 1697m^2，其中，教学楼 4F 屋面面积约 1060m^2，专业教学楼 4F 屋面面积约 637m^2

建筑荷载：教学楼荷载为 2.0kN/m^2，专业教学楼为 1.5kN/m^2

设计单位：北京市园林科学研究院

▶ 作品设计构思与主题

设计构思来源于学校的办学理念。学校提取了美国儿童文学名著《绿野仙踪》童话中的形象内涵并将其融入校园文化中，努力培养学生成为快乐生活、勇于探索的梦想少年。

屋顶绿化的意义与学校的“绿色”教育非常契合，设计中融入了一些国学与草药文化，希望学生在这宝贵的空间里去学习与实践，从而达到教育教学的目的。

因此屋顶花园以“寻源”为设计主题，展开了一个“入绿野之境，寻百草之源”的故事线。

▶ 设计方案

屋顶花园风格定位为新中式，其中教学楼传承了古典园林的造景手法，即曲径通幽，师法自然，并提炼了一些古典元素，用现代简约的设计手法表现在花园景观中。

教学楼屋顶花园呈现了五点一线的设计格局。五点即入口区、体验区、学习区、交流区、静思区，一线即主园路。

入口区：万象归一。圆形铺装大样，寓意世界大同，也就是说所有事物都是同源的。

体验区（修身）：事必躬亲。学生可以亲身参与植物种植，感受自然规律的四时变化。

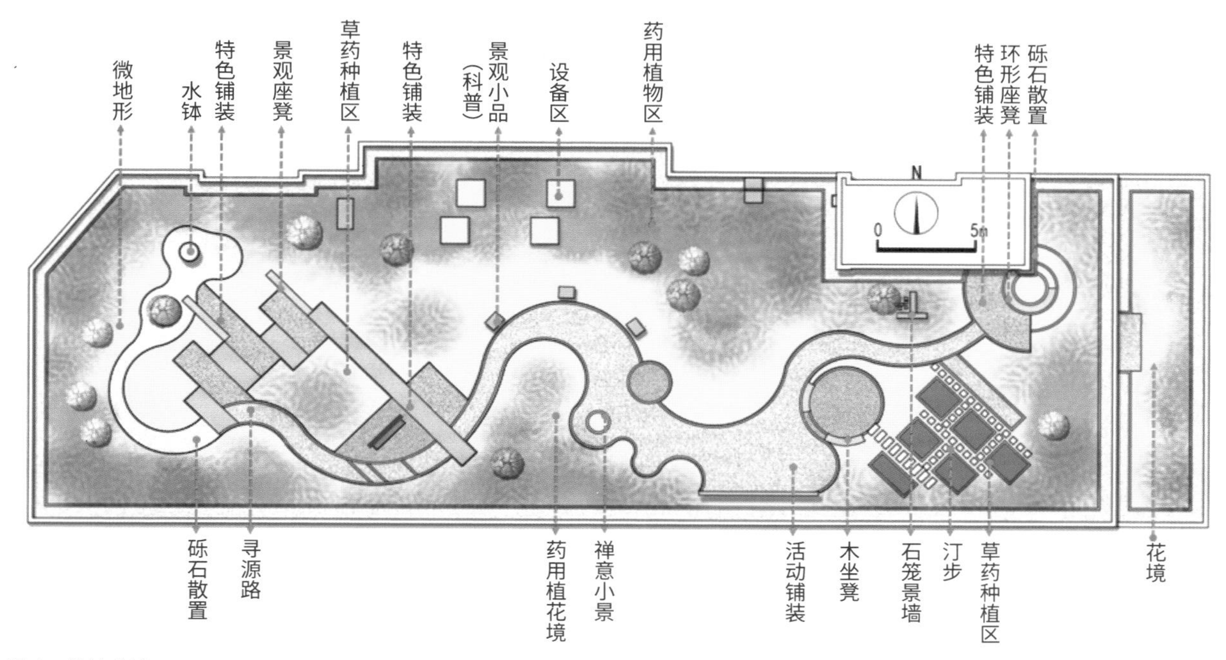

图 1　设计方案

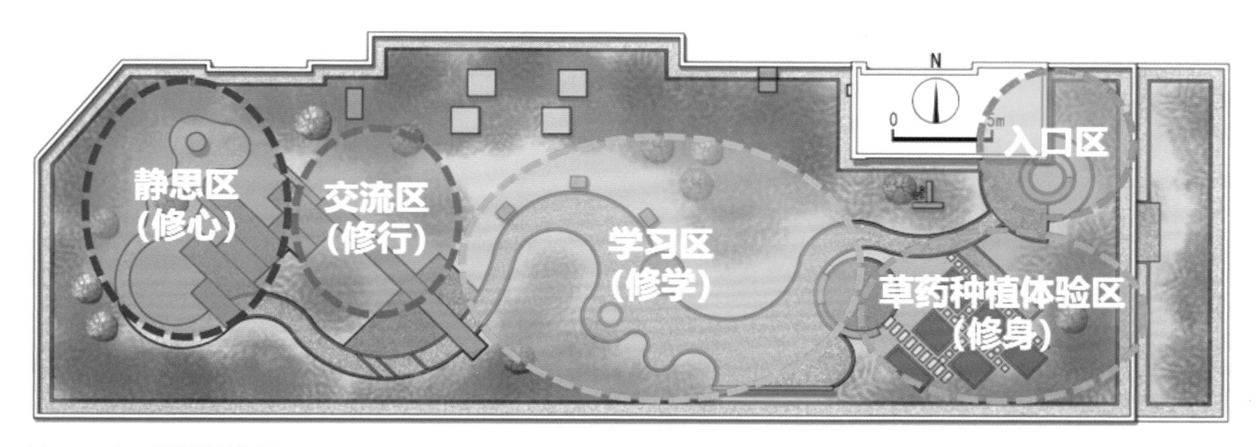

图 2　五点一线的设计格局

图 3　教学楼现状照片

图 4　教学楼屋顶绿化全景图

学习区（修学）：认知百草。设置一些小品用于介绍各种药用植物。

交流区（修行）：初探国学，探讨交流 / 师生互动的交流空间。

静思区（修心）：迷雾寻源。设计有枯山水，一个水钵代表水源，水源是生命之源，自古文人雅士都比较乐水，由水源引入思考。

图 5　教学楼屋顶绿化

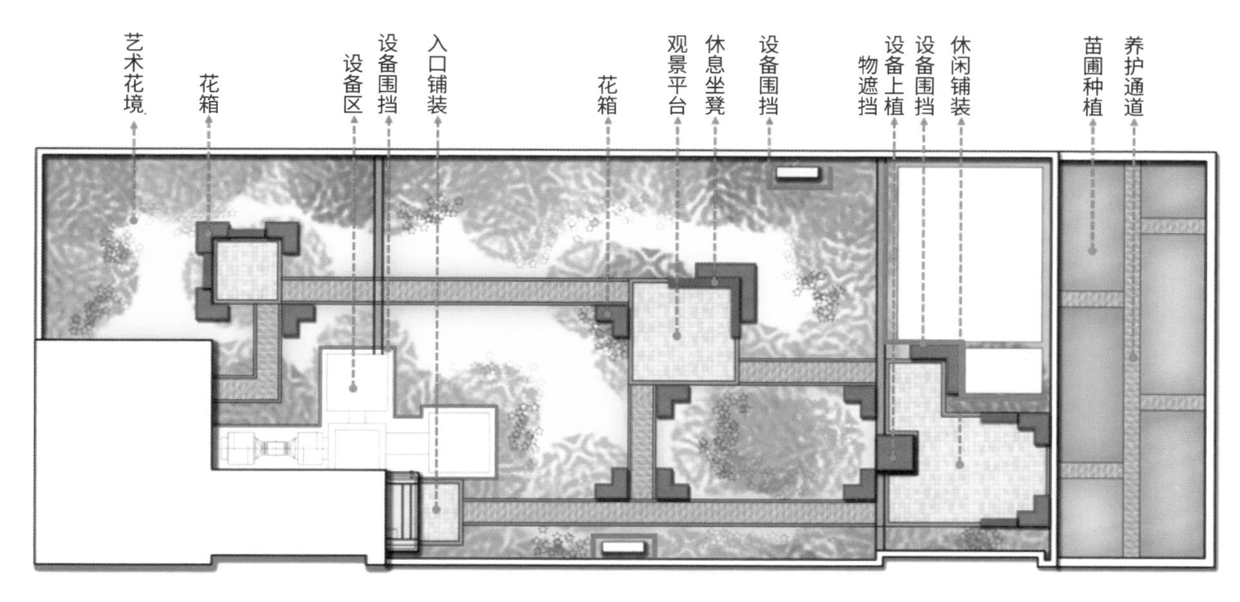

图 6　主园路图

主园路：从入口区到静思区，是一条不停探索的路。

而专业教学楼只作为老师等日常休闲放松的场地，并且建筑荷载本身不高，因此用园路简单连接几个休闲场地，主要应用植物营造绿野之境。

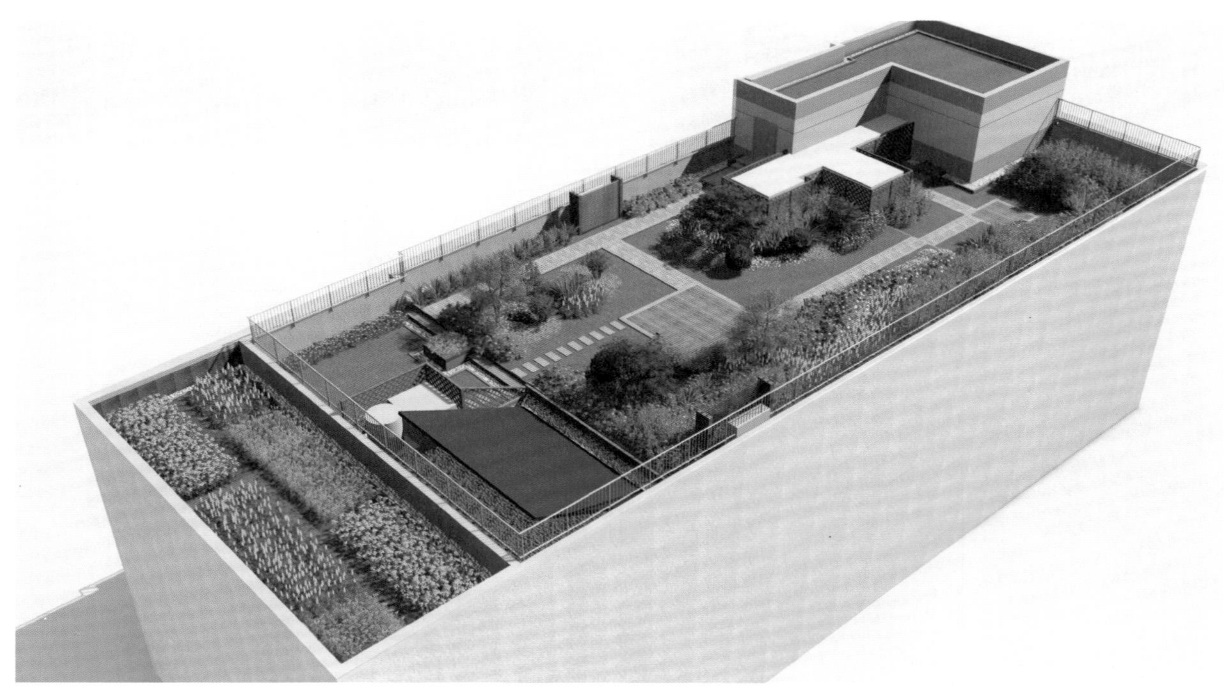

图 7　专业教学楼屋顶绿化全景图

图 8　专业教学楼屋顶绿化

图 9　安全细节

图 10　特色铺装

图 11　特色景观小品

图 12　学楼 4F 屋顶花园实景图

▶ 屋顶绿化的特点

体验空间营造：此区域主要由六个大小不一的种植箱组合而成，因为建筑荷载不高，因此种植池材质选用防腐木，种植箱四周是汀步与白色砾石散置组合的园路，此设计既满足了多名学生同时操作体验的空间，又分散了学生，保证荷载安全。

安全性细节考虑：屋顶上所有的木制构筑物，如座凳、种植箱等景观小品均做倒角处理，以免学生碰伤。

特色铺装：园路选择石材与卵石立砌和石材与木铺装相互搭配，既丰富了铺装样式，又具有引导作用。

特色景观小品：在园路通道上设置了文化宣传小品，做一些国学及中草药相关知识的科普，达到教育教学的目的。

植物配置：由于建筑荷载不高，因此选择灌草搭配为主，在柱点位置点缀孤植小乔木，并且选择具有药用价值的植物，如：三七景天、八宝景天、萱草、桔梗、金银花等。

设备美化处理：在比较集中的设备区外围设置木栅格，并种植攀缘植物，既起到美化遮挡的效果，又在立面上丰富了景观层次。

图 13　专业教学楼 4F 屋顶花园实景图

都市循环农业与绿色工厂

▶ 作品概况

作品名称：都市循环农业与绿色工厂

作品地点：淳安县千岛湖镇鼓山工业园区涌金路 18 号

建造规模：屋顶设施农业 5600m^2、露地农业 1900m^2 以及配套设施

设计单位：杭州乐成屋顶绿化工程有限公司

▶ 作品简介

本项目是浙江省农业科学院在杭州千岛湖鼓山工业园，由杭州淳安金恒服饰有限公司厂区实施的都市农业试点。

2010 年起开始在厂房屋顶建菜园，至 2012 年五幢厂房屋顶共建菜园约 7800m^2，其中四幢建筑屋顶建塑料连栋大棚四栋 6000m^2，一幢建筑屋顶建露地菜园约 1800m^2；地下室开辟食用菌栽培场地 500m^2；地面建 30m^2 生态牧场一座，80m^3 沼气池和雨水收集池各一口；配套建设污水无害化处理设施与肥水调配灌溉控制系统各一套。该厂区占地面积约 1.5 公顷，建有六幢厂房，两幢职工宿舍，常年有职工 300 ～ 350 人，住厂职工约 250 人。

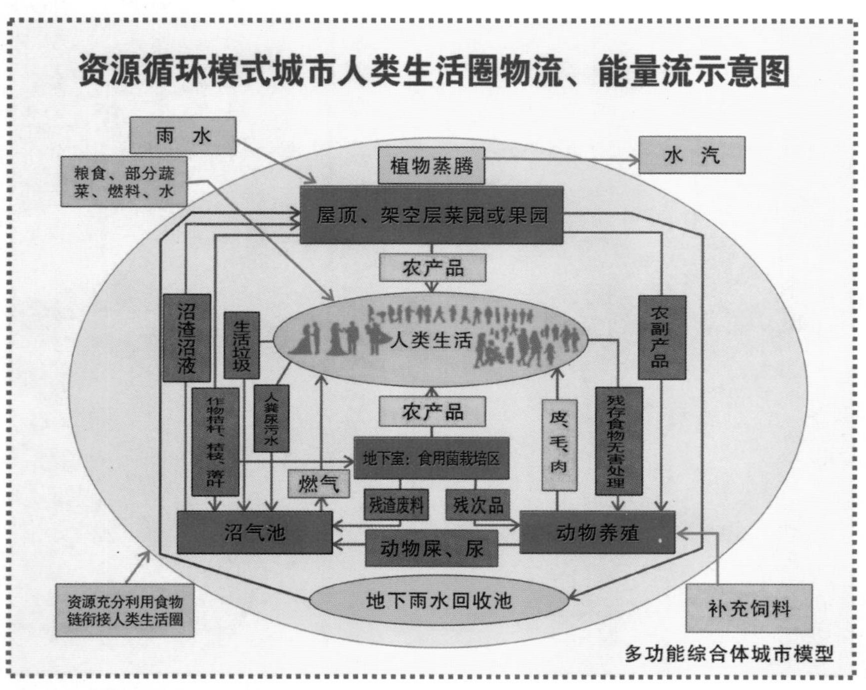

图 1　都市微循环系统物流模型

屋顶菜园、食用菌栽培与生态牧场通常由 3 ～ 4 人打理，收获高峰期工厂会安排工人协助采收。餐饮剩余物、农业副产品作猪饲料；猪屎尿、人粪尿、绿化废弃物为沼气池原料；沼气供食堂烧菜、做饭，沼液、沼渣经无害化处理后为屋顶菜园水源与肥料；屋顶蔬菜、食用菌、肉类供应职工食堂或外卖。

厂房屋顶开辟农田与地下室开辟食用菌栽培场所，农用面积大于厂房建筑占用面积，实现建房只占空间不占地，缓解甚至解决了城市化过程中建筑占地与耕地保护的矛盾；屋顶造地开辟了城市新菜篮子基地，可实现城市部分蔬菜与粮食的自给，有利于保障食品安全和提升防灾、抗灾能力；屋顶农业使建筑覆绿，具有冬暖夏凉功能，高温季屋面可降温 30℃以上，室内可降温 5 ～ 10℃，而冬季具有保温功能，有利于节约能源与居住舒适；屋顶农田能积蓄雨水，是低影响开发海绵城市的可靠途径；微循环农业系统的建立，使餐饮剩余物、绿化废弃物及生活污水都成了资源，能量流与物流在封闭的系统中循环利用，满足持续发展的可能；职工生活物质垃圾与污水在产生地源头就地消纳，实现零排放，有利于改善生态环境。

▶ 作品特点

2012 年以屋顶农田为依托，在淳安工商申请成立了“淳安千岛湖金盛果蔬专业合作社”，并在公司传达室门口开辟了“空中菜园”无人超市。从整体运行情况分析，7800m^2 屋顶菜园，以年产蔬菜 10 万 kg 和年出栏生猪 40 头计，如果全部作为商品出售，收入足以让四位农业工人获得甚至超过普通企业职工的年收入，因此屋顶农业并非只是自娱自乐，是一个有发展前途、可产业化的行业。

大楼里的农场是一个完全可复制的项目，其生态与社会效益远超经济效益。屋顶农业与微循环农业的引入，使建筑区域有了生命力与可持续性，对于未来城乡建设具有引领功能，发展前景广阔。

楼顶种菜、楼下养猪、地下培菌，这幢大楼不只是工厂，还是农场。

▶ 所获奖项

2012 年世界屋顶绿化协会授予“屋顶农业设计金奖”和“屋顶农业建设金奖”。

央视十台走近科学栏目组为本项目拍摄了“大楼里的农场”专题片，称它为“会呼吸的大楼”。

图 2　设计与施工金奖

图 3　地下室栽培食用菌

图 4　屋顶连栋大棚设施

图 5　屋顶露地农业

图 6　屋顶设施农业（一）

图 7　屋顶设施农业（二）

西部云谷二期绿色屋顶示范项目

▶ 作品概况

作品名称：西部云谷二期绿色屋顶示范项目
作品地点：陕西省西咸新区
建造规模：14369m^2（荷载均为 2.0kN/m^2）
设计单位：北京市园林科学研究院风景园林规划设计研究所

▶ 作品简介

西部云谷二期绿色屋顶位于陕西省沣西新城，本项目是 2018 年陕西省西咸新区极力打造的高端高科技平台，总建筑面积达上万平方米。本次云谷二期的建筑是以小高层办公组团、集中园区配套、低密度办公组团和酒店组合的综合群体，本次屋顶花园建设的设计理念延续现代风格和科技理念。设计范围是 4、5、6、7、8 和 12 号楼，为二期楼盘中层级较低的建筑，高度为三层至六层，适合周边高层观赏，待建屋顶位置集中，景观效果明显。整体以统一的景观设计手法及景观表现形式形成一系列以科技创新为设计主题的雨水花园屋顶景观，总计 14369m^2。

图 1　项目全景

图 2　项目灯光全景

本项目城市屋顶绿化有效解决了该项目中心区域缺乏公共绿地空间的问题，同时屋顶绿化还有效提高了生态效能和城市生态水平以及使用者的办公环境质量。屋顶花园是海绵城市建设的重要组成部分，屋顶绿化植物的生态效益和社会效益是极其显著的。不仅对增加城市绿化面积、改善空气质量作用明显，而且在节能减排、调节局部气候、缓解城市“热岛效应”、降低城市排水负荷、消除城市噪声等方面也具有突出的生态作用和卓越的优势。

本项目中的所有屋顶花园处于同一建筑群体内，各屋顶花园以建筑为单位、不同屋面楼层被分隔开来，相对独立却又是一个整体景观，建筑风格极具现代感，建筑线条简洁大方，屋顶情况以荷载不同，分别设计为简式与简花园式屋顶。屋面场地较为规整，出入口位置便利。经过对整体景观空间分析，设计师认为此项目应当从整体景观效果进行考虑，以现有已建筑群体功能为设计出发点，将多所楼划分区域，中心的 7 号楼为可上人的简花园式屋面，周边其他建筑屋面为简式不上人屋面。7 号楼作为地理位置的中心，也作为景观的重点，形成了众星捧月的围合式设计，使景观有整体氛围。中心为核心创意谷：科技要素汇集，交流发展创新的动力之谷。四周为科技智慧谷：人与自然交融共生，生态持续发展的活力、魅力之谷。整体设计以“生态智谷”为设计主题，展现双谷融合的设计思路：富有动力的核心创意谷和充满魅力的科技智慧谷。

图3 入口处

▶ 作品特点

本次项目主要以群体景观作为设计重点，考虑整体鸟瞰效果，将几个屋顶景观形成统一的整体，给屋顶花园赋予更丰富的景观性。以整体景观效果呈现为设计出发点，从整体出发，设计富有现代科技感的折线景观形式，利用景观灯带塑造出富有创新科技感的夜景景观，同时在细节方面，通过对设计主题的不断细化，在设计的各个方面呈现出对设计理念的深化和概念展开。以简式绿化的形式打造屋顶绿化景观，根据项目当地环境和季节特性选用符合场地条件及设计需要的景观植物，以乡土植物种类为主进行植物选择，保证植物在屋面适应性，提高植物存活率；根据季节不同，各季节景观进行合理搭配如夏季蔷薇，秋季月见草等，形成屋顶花园的四季景观效果，选择宿根类植物如三七景天、八宝景天，保证植物的后期养护管理及多年景观效果。

1. 集成—综合功能：结合疏密有致的植物景观搭配种植多彩花卉地被，遵循一种优化的理念加以整合，从而形成一种集成空间。

2. 交融—空间要素：以植物组团的景观搭配石材等材料塑造的现代化的景观小品，让场地空间充满生机同时又富有人性化使用设计，达到人工环境与自然环境之间的一种和谐状态。

3. 叠加—功能与空间：采用乔灌草花的种植搭配形式，打造自然有层次的景观空间，形成空间中的景观叠加，展现富有韵律和层次的景观观赏空间，结合场地功能发挥景观组合的最大功能。

4. 互联—行为联系：景观设计中形成许多节点性场所，利用景观小品与植物相互之间的关系，利用对景、障景等景观手法进行设计，形成大量偶然的空间互联，以景观的趣味性激发科技精英、文化精英们的想象力。

图 4　园路

溢柯园艺沪南旗舰店屋顶花园展示中心

▶ 作品概况

作品名称：溢柯园艺沪南旗舰店屋顶花园展示中心

作品地点：上海浦东北蔡红星美凯龙屋顶

建造规模：12000m^2

设计单位：上海溢柯园艺有限公司——DCT 设计建造事务所

图 1　园路

▶ 作品简介

上海红星美凯龙沪南商场位于中环线浦东段的华夏西路与沪南路交界处，总建筑规模 26 万 m^2，是上海浦东地区首屈一指的超大规模家居建材商场。其屋顶面积 12000m^2，最初规划为常规屋顶花园和宠物公园。2012 年溢柯联手红星美凯龙，对该屋顶进行改造设计、建造，将该屋顶打造为溢柯园艺旗舰展示中心。

图 2　植物配置（一）

图 3　小品

图 4　植物配置（二）

▶ 作品特点

展示中心以一比一的方式，实景展现 8 种不同风格的花园场景，并运用当时国际领先的屋顶花园技术和高端花园建材，在屋顶实现如同地面花园的真实场景。屋顶整体用材 50 余种，植物超过百种。同时，该屋顶从技术上对现有屋顶花园规范有颠覆性突破，屋顶整体平均覆土厚 30cm，最高乔木高达 10 余米，屋顶花园位于高空 26m，施工期间对正在营业中的红星美凯龙未造成任何影响。项目完工后，在业界形成重大影响，被屋顶绿化协会评选为“最美屋顶花园”。

图 5　喷泉

图 6　植物配置（三）

遵义青少年活动中心屋顶绿化

▶ 作品概况

作品名称：遵义青少年活动中心屋顶绿化
作品地点：遵义市新浦新城的湿地公园
建造规模：总面积约为 12500m^2
设计单位：上海中卉生态科技股份有限公司

▶ 作品简介

遵义青少年活动中心是集青少年文化教育、课外活动及其他文化交流于一体的多功能综合性文化设施，是遵义市新浦新区重要的标志性文化建筑之一。遵义青少年活动中心屋顶绿化项目由六个单元组成，包括两个培训中心、青少年公寓、后勤餐厅、游泳馆和多功能演艺中心。六个单元建筑屋面均为曲面型坡屋面设计，最大屋面坡度为 36°。该屋顶绿化项目总面积约为 12500m^2，施工工程主要包括屋顶防水卷材铺贴、水泥砂浆保护层铺设、钢结构防滑固定系统、绿化给水浇灌系统和景天植物模块安装等五大部分。

图 1　项目航拍图（一）

图 2　项目航拍图（二）

图 3　曲面型坡屋面

▶ 作品特色

遵义市青少年活动中心工程是全国最大曲面建筑绿化。设计上巧妙利用地形，试图让建筑以一种模拟山峦腾舞的视觉形象，将周围绿色的自然灵气渗透进孩子们的心灵。整个工程采用中卉建筑绿化材料—绿植板系列产品进行屋顶及斜坡面绿化的实施，施工快捷，效果极佳。

图 4　采用绿植板系列产品工程

新华国际广场天井园林景观工程项目

▶ 作品概况

作品名称：新华国际广场天井园林景观工程项目

作品地点：北京市朝阳区十里河

建造规模：2250m²

设计单位：北京市园林科学研究院风景园林规划设计研究所

▶ 作品简介

新华国际广场是2017年新华阳光集团推出的重体量项目，总建筑面积达15万m²，是国贸南超5A智能化写字楼集群。新华国际广场屋顶花园位于该建筑的三层，分散在四个主体建筑之间形成的三个天井内，每个天井面积为750m²，总计2250m²。

本项目中的三个天井空间被建筑分隔，相对独立，建筑风格简洁大方，视线通透，采光良好，场地规整，出入便利。经过空间分析，设计师认为此项目应当设计成现代的有艺术感染力的空间，这些空间有参与性、互动性、关联性，同时也应该有趣味、有吸引力，有很好的可识别度和整体感。设计借鉴国际艺术大师索尔·勒维特的极简主义雕塑作品来表达设计手法，通过大小不同、高低错落的方块组合，打破空间的沉寂，打造出具有互动和艺术感的参与空间。

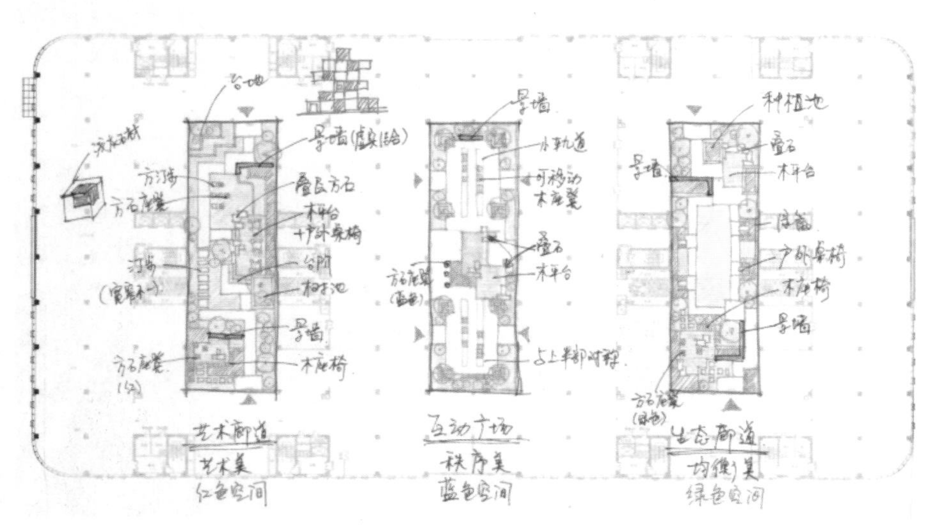

图1　手稿设计图

图2 红色空间（一）

图3 红色空间（二）

▶ 作品特点

设计理念特点

1. 设计强调三个空间的协调统一，公共空间与私密空间合理分配，创造一种既相对开放，便于使用者游览、交流的空间，又相对独立，便于使用者休憩、交谈的私密空间。

2. 设计强调现代简洁与自然的相互协调。建筑的造型决定了花园设计应采用与之相协调的现代风格，同时在设计手法处理上力求达到传统园林“步移景异”的设计理念，即用现代的设计手法表现传统园林意境，满足使用者的审美需求。

3. 设计力求将现代的实用手法和技术与抽象艺术概念相融合，现代感极强的小品可满足游览观赏功能，艺术感十足的水景可改善花园内的小气候，为北方地区干燥的室外环境带来一丝特有的湿润。

4. 设计重点突出艺术个性，同时强调与建筑的和谐统一，风格上选择与建筑相协调的现代风格，材料上选择与建筑材料相配套的石质与钢构架的结合，颜色除突出的艺术设计外，基调也尽量配合建筑以达到视觉上的统一。

图4 绿色空间（一）

图5　绿色空间（二）

图6　绿色空间（三）

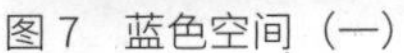
图7　蓝色空间（一）

图8　蓝色空间（二）

▶ 设计方案特点

通过对前期设计概念，即索尔•勒维特的雕塑进行分析提炼，结合设计理念，设计师确定设计的主题为“方之境地”，把红蓝绿三种颜色分配到三个天井空间里，分别打造出艺术之境、活力之境和生态之境三种不同风格的空间。

其中，红色的艺术空间采用折线式的设计，一根起伏的红线贯穿全园，既充满艺术感又具备趣味性，同时可以引导使用者到达各个设计丰富的艺术小空间。蓝色的活力空间位于三个天井的中间，交互性最强，使用频率最高，因此设计手法相对比较大开大合，空间营造比较开敞，中央的水景突出蓝色主题，周边蓝色的景墙和座凳很好地呼应主题，充满活力。绿色的生态空间相对于红色空间亦采用折线式设计，手法上利用丰富的绿色植物搭配组合突出生态优先的理念，这个空间绿地面积最大，自然生态的气息浓厚，含氧量充足，适于在紧张工作之余放松大脑。

图9　蓝色空间（三）

图 10 蓝色空间（四）

三个天井的花园运用了协调的设计手法和相同的基本元素，用不同的色彩带来不同的感受，为使用者提供了一个释放压力的好去处。设计手法简单而优雅，空间的营造上有开放空间也有私密空间，利于使用。适当的水景设计净化了空气，同时也优化了空间，使花园充满了办公环境所应有的活力。这些空间还有另外一个积极的作用，即减少在室内开空调的需求并且有助于降低城市热岛效应。

图 11 蓝色空间（五）

鼓楼中医医院屋顶花园项目

▶ 作品概况

作品名称：鼓楼中医医院屋顶花园

作品地点：鼓楼中医医院位于北京市东城区豆腐池胡同 13 号

建造规模：总面积为 472m^2

设计单位：北京市园林科学研究院

▶ 作品简介

鼓楼中医医院是一所集医疗、预防、保健、康复、教学、科研等多功能为一体的二级甲等中医医院，是北京联合大学中医药学院附属医院，国家中医药发展综合改革试验区建设示范基地。

在高楼林立的现代社会中，屋顶景观作为医院这一大型公共型建筑群来说，是非常重要的区域，能够大大改善医院的生态环境，提升医院的景观质量。通过屋顶花园得天独厚的条件，引入园艺疗法、植物疗法等较自然温和的治疗方式，能为病人提供恢复身体功能的机会和条件。

图 1　木铺装休息区

图2　中草药种植区

项目以装配式形式打造屋顶花园，并且利用墙面做垂直绿化。将整个花园打造成一个中草药园，成为医院的一个重要的组成部分。借助现有建筑设置轻便的廊架，形成休闲空间，并可在此处享受采用屋顶的中草药制作的中药茶饮，同时也是休息会晤的好地方。项目周围相临的是非常有北京胡同建筑特色的墙面和房顶，利用其墙体立面进行垂直绿化。垂直绿化节约用地，能充分利用空间，达到美化景观的目的，使屋顶花园效果更佳。

▶ 作品特点

鼓楼中医医院以装配式形式，即各种高矮、大小不同的种植箱，打造屋顶花园，在保留原有铺装面的前提下，选用木质种植箱、座凳、钢板景墙、木铺装等元素组成屋顶花园景观。铺装区域为成品木平台，周边放置尺寸定制的种植箱和成品座椅围合，形成惬意的休息空间。种植箱可以使植物和种植介质不直接接触屋面，因此不用再做防水层。

屋顶花园中设置多处休息场地，方便不同情况的病人通过舒缓散步的形式恢复身体机能。一些空间场地用来种植不同种类的中草药，用不同规格的种植箱种植不同需求的中草药植物，也是业主自己动手和进行培育的活动场所。

屋顶花园中环境怡人，病人可在其中读书、晒太阳、种花、散步以缓解压力，通过多种感官的刺激使病人的心理和情感更加健康。并结合中医医院特点，在绿化美化环境的同时，增加了中医知识的科普和推广应用。

种植箱在选择材料时，选择耐用、防腐的木材，在靠近建筑或者构筑物的一侧安置钢板景墙，做攀缘月季等垂直绿化，带来垂直面上的视觉效果。根据种植箱木板的不同材质与厚度，采取不同的连接方式。箱体结构高矮可根据植物所需土量决定，既要避免耗费土壤太多且增加屋面荷载，又要保证种植箱的稳定性及抗风性。

图3　木台阶平台

图 4　木质种植箱和座凳结合

图 5　大小不同、高矮不等的种植箱

立体绿化有机基质

▶ 材料简介

立体绿化有机基质，该产品主料为天然矿质和经充分堆肥腐熟的有机材料。其中有机材料选择北京本地区农业废弃物，再添加有机与无机肥料、有益微生物和其他化学添加剂等。有机材料采用先进技术快速腐熟，经过严格的生产工序加工而成。该产品具有无污染、无异味、有效养分含量高而全、长效缓释、质轻多孔、防虫驱虫、增强苗木抗病能力等突出优点，尤其适合作为屋顶绿化的栽培基质。

▶ 适用范围

立体绿化有机基质适宜于对承重条件要求苛刻的建筑物屋顶，对栽培基质重量有着严格要求的绿化；也适用于要求有机质、养分较高的建筑物屋顶绿化，立体绿化盆栽基质，绿墙轻型基质；更适用于各种小区绿化、园林景观种植等。

▶ 技术指标

表观密度≤ 0.5g/cm^3；有机质≥ 50%；非毛管孔隙度≤ 5%；总养分≥ 4%；pH 值为 6.5 ～ 8.5。

▶ 企业名称

北京沃晟杰种植用土有限公司

▶ 荣誉与资质

2017 年荣获中国立体绿化大会“中国屋顶绿化与节能优秀材料”奖、2018 年获北京市科学技术二等奖。

图 1　北京银河湾小区

图 2　北京蓝河湾小区

蜂巢约束系统

▶ 材料简介

蜂巢约束系统是现今最先进的实现土壤（填充材料）约束、稳定和加筋的工程解决方案。蜂巢约束系统通过三维柔性蜂巢形网状结构的蜂巢格室及填料、植被、其他材料、基础的复合作用，达成土壤加筋、基础稳定、水土保持和生态绿化等特定工程目标。其具有安全可靠、经济合理、生态环保、施工简捷、养护简单的特点和优势。

沃而润蜂巢约束系统以高分子复合合金为原料，以工程项目设计使用年限为目标，从而使其具备适合永久工程应用的性能。

▶ 适用范围

蜂巢约束系统的荷载支撑、土体拦固、边坡防护与河渠保护的四大应用领域，不但满足单一应用，还形成了一整套的集成应用方案。其卓越的工程性能、突出的生态环保效益、便捷的施工与维护及较低的总成本费用，可满足公路、铁路、市政、园林、水利、建筑、矿山等行业各类建设项目和军事工程项目的多方位需求，全面推广，年行业规模可达百亿元级别。

▶ 技术指标

表 1　蜂巢约束系统性能指标

特性	性能指标			
	A 类	B 类	C 类	D 类
材质	高分子复合合金			
密度	0.94 ~ 0.965g/cm^3			
壁板摩擦效率系数	0.95			
壁板质地	为增加内摩擦效率的压花且多孔表面			
热膨胀系数 CTE（10^{-6}/℃）	≤ 115			
单片焊缝剥离强度（kN/m）	≥ 22	≥ 23	≥ 24	≥ 25
抗拉屈服强度 - 无孔宽幅（kN/m）	22	23	25	29
抗拉屈服强度 - 有孔宽幅 TU（kN/m）	20	22	24	25
高压氧化诱导时间 HPOIT（抵抗氧化和紫外线降解）	≥ 340min（使用年限可达 50 年）			
脆性温度	≤ −70℃			

▶ 企业名称

深圳市沃而润生态科技有限公司

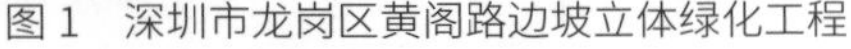

图 1　深圳市龙岗区黄阁路边坡立体绿化工程

图 2　遂宁市联盟河综合治理工程

图 3　赤峰市英金河综合治理工程

图 4　郑州市贾鲁河综合治理工程

图 5 红河州弥勒东方韵特色小镇临时道路

图 6 深圳市坝光环坝路边坡绿化工程

图 7 云南省玉溪市东风游乐场人工湖治理工程

屋顶绿化专用基质

▶ 材料简介

截至 2019 年 10 月，历时五年时间，公司利用人造火山岩、菇渣和其他农林废弃物开发的新型营养基质批量生产并投放市场。产品的核心技术是通过基质原料以及粒径的有机配比，达到基质粒径的合理分布，为不同植物量身制作合理的基质水汽构型。

▶ 产品优势

1. 屋顶绿化专用基质主要以人造火山岩为主要原料，人造火山岩经高温燃烧，轻质、无毒、无害，符合屋顶绿化专用基质的各项要求，且经国家检测部门检测其理化性质符合作为基质原料的标准。

2. 屋顶绿化专用基质，无机物含量达到 70% ～ 80%，不会因植物吸收和自身分解造成基质下沉，可以降低屋顶绿化工程的后期维护成本。

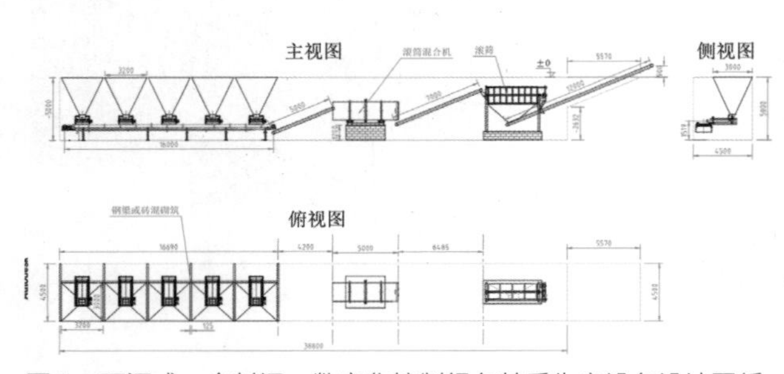

图 1　下沉式、全封闭、数字化控制绿色基质生产设备设计图纸

图 2　下沉式、全封闭、数字化控制绿色基质生产设备

图 3　不同粒级的基质原料

3. 公司依托北京农学院，拥有多位国内知名学者组成的强大科研团队，为开发国内领先的新技术、新产品提供强大支撑。公司屋顶绿化专用基质，对原料进行严格的筛选与预处理，经过科学的粒径调配，针对不同地区的气候环境，达到最佳的水气构型，生产出专业优质的屋顶绿化专用基质。

4. 空间利用充足，易于管理。使用公司生产的各类基质，可充分利用有限空间来进行作物培植，拓展空间利用率。同时配合水肥一体化，便于作物培植和管理。

▶ 技术指标

表 1　产品品质

	通气孔隙（%）	持水孔隙（%）	透水率（mm/min）	有机物占比（%）
配方产品 A	≥ 20	≥ 45	≥ 0.35	≤ 20
配方产品 B	≥ 25	≥ 35	≥ 0.5	≤ 15
配方产品 C	25 ～ 30	15	≥ 60	≤ 10

产品按照四个粒级（5 ～ 10mm、1 ～ 5mm、0.5 ～ 1mm、＜ 0.5mm）的不同体积占比配制简易型和极简型屋顶绿化专用基质；按照五个粒级（5 ～ 10mm、1 ～ 5mm、0.5 ～ 1mm、0.25 ～ 0.5mm、＜ 0.25mm）的不同体积占比配制花园型屋顶绿化专用基质，并规定＜ 0.05mm 的颗粒体积占比不大于 20%。

▶ 荣誉与资质

2017 年荣获中国立体绿化大会组委会“中国屋顶绿化与节能优秀材料”奖、2018 年获农业部“神农中华农业科技奖”二等奖。

▶ 企业名称

河北龙庆生物科技有限公司（承德）

图 4　“中国屋顶绿化与节能优秀材料”荣誉证书

GFZ 点牌耐根穿刺聚乙烯丙纶防水卷材

▶ 材料简介

GFZ 点牌耐根穿刺聚乙烯丙纶防水卷材由线性低密度聚乙烯（LLDPE）、高强丙纶无纺布、抗氧剂、抗老化剂等高分子原料，经过一系列的物理和化学变化，由自动化生产线一次性复合加工制成。组成结构：中间层是防水层和防老化层，上下两面是增强黏结层（丙纶长丝无纺布）。卷材非外露使用，低温柔性、稳定性好，使该防水体系成功地解决了高分子卷材与基层难黏结、主体材料外露使用易受机械损伤、易老化、施工过程中污染环境、溶剂对人体有伤害等问题，这在聚乙烯丙纶防水卷材中堪称独具特色。

▶ 适用范围

该防水卷材应用领域宽，广泛用于工业与民用建筑的屋面、地下室、地下车库、地铁隧道、地铁车站等项目的防水防渗防漏工程；同时适用范围广，既可以在寒冷的东北、西北地区应用，也可以在炎热潮湿的南方地区应用，且应用效果非常好。

▶ 技术指标

一是防水卷材技术先进，卷材密实但密度小、抗拉强度大且质量高，已成为许多大中型重点工程的首选。

二是该体系无毒、无味、无污染，对环境及施工人员的健康无损害，为绿色、环保产品；该防水卷材采用冷黏结法施工，从而避免了其他防水卷材施工需要动用明火、容易发生火灾等安全隐患。

三是应用该防水卷材可以大幅度减少建筑物渗漏率，为业主节省大笔的后期渗漏水维修经费，减少反复维修造成的经济和社会资源浪费，社会效益明显。

▶ 企业名称

北京圣洁防水材料有限公司

图 1　东升大厦第五层种植屋面艺术草坪（一）

图 2　北京华贸中心

图 3　东升大厦第五层种植屋面艺术草坪（二）

图 4　怀柔美丽家园种植面防水

图 5　通惠家园一线国际大平台防水

"绿色之舟"多功能屋顶绿化种植模块

▶ 材料简介

"绿色之舟"多功能屋顶绿化种植模块荣获国家发明专利，专利号ZL200810106941.8，通过中国工程建设检验检测认证联盟高品质产品认证，入选住房城乡建设部《城市生态修复先进适用技术与产品目录》，是《深圳市城管局既有建筑屋顶绿化改造推荐产品》，入编《深圳市既有建筑屋顶绿化容器种植技术指引》。

1. 基本原理

"绿色之舟"多功能屋顶绿化种植技术是用模块组合来构建植物种植平台，只需简单安装组合，快速构建成一个整体架空，具有防水、阻根、蓄水、过滤、排水、灌溉、抗风及雨水收集功能的轻型植物种植基盘，轻松实现建筑立体绿化。

2. 技术创新

（1）简单实用的卡夹式连接，组合后的模块实现整体无垂直缝隙的连接，抗压大于500kg/m^2，具有可靠的抗植物根系穿刺能力，更强的抗风能力；

（2）架空安装，与屋面系统分离，植物、基质和水不接触屋面，确保屋面长久安全；

（3）内置仿农田沟渠系统纵横互通水槽，兼具过滤、排水、蓄水、灌溉、通风功能；

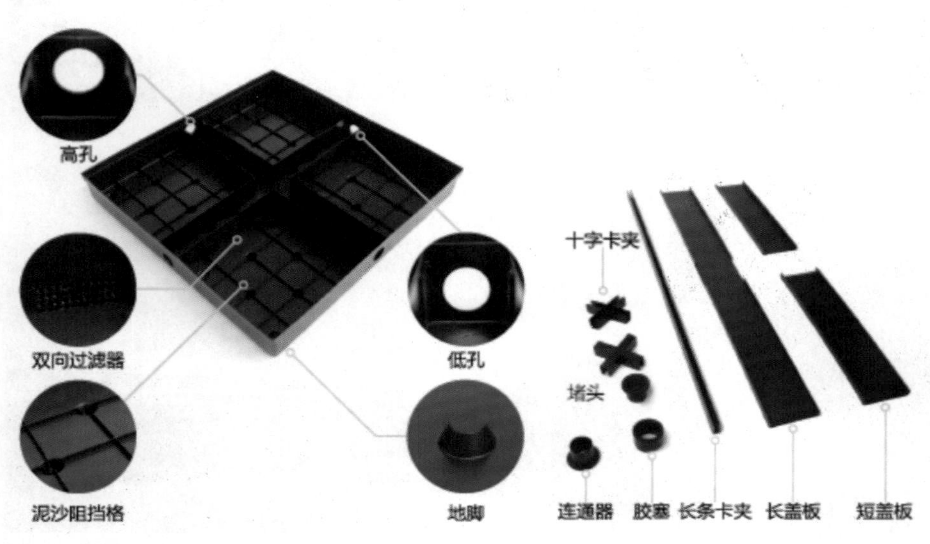

图1 "绿色之舟"多功能屋顶绿化种植模块

（4）完全自然状态的基质底部充分蓄水，10cm 高度基质每 100m^2 可蓄水 4m^3，30cm 高度基质每 100m^2 可蓄水 10m^3，依靠雨水保证植物生长需要，比传统技术节水 60% ～ 80%；

（5）多功能屋顶绿化装置还特别适用于既有建筑屋顶的节能改造，无须对屋顶有任何特别要求，可以直接安装，方便快捷；

（6）埋置式施工，组合后的模块周边另设围挡，模块整体埋置在基质底部，模块内种植基质厚度可厚达 50cm，适宜多种植物种植，模块使用寿命至少 30 年。

3. 工艺流程

清扫屋顶表面→验收基层（蓄水试验和防水找平层质量检查）→多功能组合式模块→铺设轻型薄层基质→植物固定支撑处理→种植植物→铺设绿地表面覆盖层。

4. 主要经济技术指标

（1）技术指标。

规格：60cm×60cm×25cm；材料：聚丙烯（PP）；抗压：100kg 2h 合格；耐高温：100℃ 2h 合格；耐低温：−20℃ 2h 合格；耐酸性：5%HCl（m/m）溶液 24h 合格；耐碱性：5%NaOH（m/m）溶液 24h 合格；耐老化：氙弧灯老化 1000h 合格。

（2）经济效益与环境效益。

从根本上保障屋顶防水安全；施工简单快速，施工工期仅为传统技术的 50% ～ 75%；对施工基面无特殊要求，无须专业技术人员参与；模块工厂化生产，质量可控、工程质量保障性高；可最大限度地蓄积利用雨水，覆土 10cm 情况下每 100m^2 蓄水 4m^3，覆土 30cm 情况下每 100m^2 蓄水 10m^3；采取渗灌的管理方式，比传统技术节水 60% ～ 80%；适宜更多的植物种植，构筑景观效果好，可种植果蔬类经济作物。架空安装，隔热效果佳，夏季降低顶层室内温度 3 ～ 5℃；管护简单，维修容易；使用寿命长久，保质 30 年，综合造价低。

5. 安装步骤

第 1 步：平铺模块

第 2 步：通孔连接

第 3 步：安装卡条，密封间隙

第 4 步：安装水道盖板

第 5 步：组装围边

第 6 步：覆土

第 7 步：种植

图2 成景效果

▶ 适用范围

“绿色之舟”多功能屋顶绿化智能模块集防水、阻根、蓄水、排水和过滤功能于一体，不损坏屋面，适合各种规模的企业、事业单位、学校、住宅、厂房等屋顶绿化，以及广场绿化、阳台绿化、私家园艺等。

▶ 企业名称

深圳风会云合生态环境有限公司

图 3　下沙小学屋顶绿化

图 4　竹园小学屋顶环境教育基地

图 5　万乘储运大厦屋顶绿化

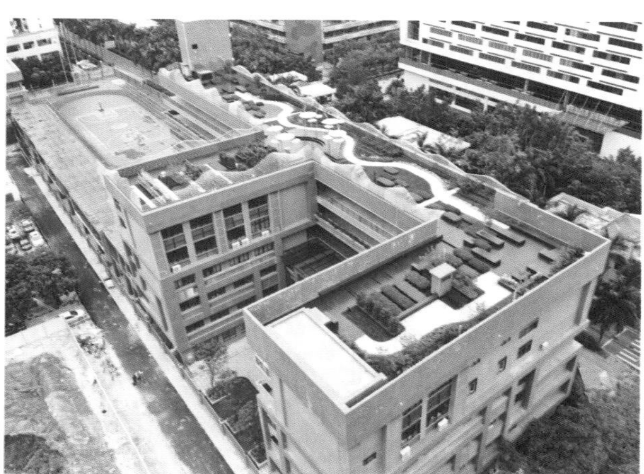

图 6　福苑小学屋顶花园（一）

图 7　福苑小学屋顶花园（二）

垒土

▶ 材料简介

固化活性纤维培养土（以下简称“垒土”）作为新型节能环保建筑辅材的一种，是戚智勇博士团队历时 4 年研发的一项尖端新材料。

垒土是用植物纤维等生态材料经高科技合成、拥有稳定物理结构的一种代替土壤的新材料，能很好地突破城市生态立体绿化、生态修复、装配式建筑、都市工厂农业等领域的技术瓶颈。

▶ 适用范围

1. 城市立体绿化：屋顶、墙面、隧桥、挡阻物（声屏障、围挡、隔声壁等）。
2. 海绵城市：屋顶、墙面、雨水花园、驳岸。
3. 森林城市：第四代建筑和装配式绿化。
4. 城市护坡、老城改造、城市更新。
5. 室内绿色装饰。
6. 水质净化、矿山修复等生态修复。
7. 名贵苗木移栽和高效生产。
8. 都市植物工厂，快速育苗、高效生产。
9. 家庭园艺。
10. 阳台农业。

▶ 核心优势

1. 可固化成型，不易风化、流失，在空间种植和智能灌溉系统下不会出现土壤的流失和飞散，能够经受大风和暴雨。

2. 无容器种植。

3. 环保特性基于原材料取自生态材料，变废为宝。

4. 安全性高：高温处理，无有虫害物质，降低后期虫害风险。

5. 轻质化，满水状态下仅为普通土壤质量的 40%，对老旧建筑墙面承重要求不高，也利于高效施工。

6. 适种植物多样化。

7. 稳定的纤维性状，可均匀分布水分，有效利用水肥资源，节能减排增效明显。

8. 孔隙度结构稳定，不会板结、不易流失。

9. 保水透气性强，良好的土壤三相比，可使这对矛盾找到平衡，并实现 1.5 ～ 5 倍的保水性。

10. 可塑性强，除了形状多样，便于造型，还可根据植物、环境、气候等实现配方化。

11. 均匀温度的结构，可探测到大量的稳定数据，便于智能化、精细化管养。

12. 全生命周期，1 年及以上，成本低于传统立体方式。

13. 良好的孔隙和植物根系的吸附性能，可有效净化水体。

14. 植物通过垒土工艺连成，能提升植物的共生环境和生命力。

15. 可迭代性强：结合市场多样性需求，结合声学、建筑学、环境学、微生物学、土壤学、植物学等多学科进行不断的深入迭代。

▶ 企业名称

湖南尚佳绿色环境有限公司

图 1　世界园艺博览会上海馆（一）

图 2　世界园艺博览会上海馆（二）

图 3　宁波世纪大道项目

图 4　湖南衡阳船山隧道外缘段项目

图 5　世界园艺博览会广西馆（一）

图 6　世界园艺博览会广西馆（二）

图 7　上海进博会外滩虹口港泵闸

图 8　岳阳皇姑塘立交桥项目

绿植板建筑绿化技术

▶ 材料简介

绿植板建筑绿化技术是以容器种植为核心，集营养基质、中卉耐旱植物为一体的新型建筑绿化技术，具有完善的蓄水、保温、隔热、阻根、排水等功能，可一次性整体解决屋顶绿化在截留雨水、防排水、植物水分供给、防根穿刺、保温隔热、屋面荷载等方面的难题。

▶ 性能特点

1. 完善的蓄水、排水功能；
2. 非浇灌条件下自动补水；
3. 有效降低建筑使用能耗；
4. 施工快捷；
5. 后期管理和维护费用低；
6. 造价低，技术效益好。

▶ 适用范围

1. 适用地域范围：−25 ～ 60℃气候条件下的夏热冬冷地区、夏热冬暖地区、温和地区。

2. 适用工程类型：

（1）公共建筑屋顶，包括：办公建筑、科研建筑、教育建筑、文化建筑、医疗卫生建筑、商业建筑、体育建筑建筑屋顶；

（2）居住建筑屋顶，包括住宅建筑、公寓等建筑屋顶等。

3. 适用工程部位：各种建筑屋面，包括平屋面、斜屋面、曲面屋面；地下车库、低层架空的广场顶板。

4. 屋面荷载：坡度不大于 60%，屋面防水层完整、不漏水，屋面活荷载≥ $1.5kN/m^2$。

▶ 技术指标

1. 容器物理机械性能：

导热系数＜ 0.2W/（m•k）；拉伸屈服强度＞ 20MPa；吸水率＜ 0.2%；耐热性：60℃至 2℃，2h，容器无明显变形软化现象；耐寒性：−35℃至 2℃，2h，容器无明显变形开裂现象；耐候性：经总辐照能量不小于 3.5×10kJ/m^2 的人工加速老化试验后，无变色、龟裂、粉化等明显老化现象，拉伸屈服强度保留率不低于 50%。

2. 容器承载性能：

（1）单个容器应能承受 200kN 的负荷而不出现明显变形或损坏；

（2）坡式容器内隔条能承受垂直于平面的 100kN 的负荷而不脱落或损坏；

（3）容器组合造型：能承受垂直作用于侧面的推拉力 1000kN，容器、扣件及造型无变形或损坏。

3. 容器跌落性能：容器能承受高度为 2m 的跌落试验，3 次无破坏。

4. 容器使用寿命可达 15 年以上。

▶ 企业名称

上海中卉生态科技股份有限公司

图 1　廊坊润泽数据中心屋面绿化

图 2　杨浦区政府屋面绿化

图 3　广州园林科学研究院屋顶花园

图 4　厦门金砖会议垂直绿化墙设计施工

图 5　上海黄浦区政协屋顶绿化

图 6　厦门湖里中学屋顶花园

透水混凝土

▶ 材料简介

透水混凝土又称多孔混凝土，也可称排水混凝土。透水混凝土是由骨料、专用添加剂、硅酸盐水泥与水拌和而成的无砂透水混凝土。其中，骨料是采用不同粒径的碎石；专用添加剂是采用多种助剂与颜色按特殊比例混合，并经高速搅拌复合而成。

▶ 适用范围

主要应用于人行道、景观道、大型广场、绿荫广场、小区广场、乘用车行道、住宅外围道路、消防通道、轻交市政道路、大型车道、轻型停车位、重型停车场等路面。

▶ 主要特点

1. 良好的透水性，透水系数 1.86mm/s。
2. 良好的透气性。
3. 优越的高承载能力。
4. 美观的视觉效果。
5. 优越的环保性。

▶ 企业名称

北京近山松城市园林景观工程有限公司

图 1　玉溪海绵城市透水铺装项目（一）

图 2　玉溪海绵城市透水铺装项目（二）

图 3　北京通州城市副中心海绵城市建设

图 4　遂宁海绵城市透水铺装项目

图 5　宁波海绵城市建设

蚯蚓粪为主体的立体绿化基质和园艺基质

▶ 材料简介

蚯蚓粪为主体的立体绿化基质和园艺基质是利用牛粪生产蚯蚓粪有机肥，或利用牛粪与不同农林废弃物甚至工业废弃物发酵，研发各种类型再生基质，增加牛粪发酵物的应用范围，进而增加牛粪污处理量，并与企业合作，实现再生园艺基质、立体绿化栽培基质产业化。结合主要园艺植物生产需求，研发出 11 种专用基质配方，针对蔬菜、花卉、苗木育苗、栽培及海绵城市屋顶绿化需要研发出基质新产品 13 种，开发出“绿帝永存”优质园艺基质品牌产品，应用效果、成本等综合性能优于国内外同类基质产品，实现了产业化和大面积应用；产品细分扩大了市场需求量，加大再生基质产品消耗，实现了再生园艺基质产业化与进口产品部分替代，减少了对进口基质的依赖以及传统基质对草炭的依赖，破解了生态保护与农业循环发展的双瓶颈问题。通过对基质机械组成控制实现了立体绿化基质订单式生产。

▶ 技术指标

表 1　产品技术指标

指标	检测值	指标	检测值	指标	检测值
表观密度	0.2 ～ 0.8g/cm^3	最大持水量	194% ～ 214%	pH 值	6.1 ～ 8.0
总孔隙度	70% ～ 80%	有机质含量	55% ～ 65%	发芽指数	≥ 97%
EC 值	0.12 ～ 1.2mS/cm	总养分	0.5% ～ 5.0%	含水量	≤ 28%
大小孔隙比	1 : 1.5 ～ 1 : 4.0	总有效养分	150 ～ 500mg/kg	蛔虫卵死亡率	≥ 95%
饱和持水量	220% ～ 309%	粒径	0.5 ～ 5mm	大肠杆菌群数	≤ 100 个 /g

▶ 企业名称

北京大地聚龙科技有限公司

▶ 荣誉与获奖

2015 年获农业部“中华农业科技奖”一等奖、2017 年获中国立体绿化大会“中国屋顶绿化与节能优秀材料”奖、2018 年获北京市科学技术二等奖。

图 1　延庆青少年活动中心 3000m^2 屋顶绿化

高承载植草地坪

▶ 材料简介

高承载植草地坪（又称整体互通式植草停车场）是一种由模具、混凝土浇筑而成的，可在混凝土的孔隙中种植绿草的产品。该产品由我公司自主研发、生产并推广，是一项专利技术产品。根据承重要求，增加钢筋加以强化，与混凝土浇筑，一次成型。

▶ 适用范围

可使用于人行步道、停车场等公共设施，是兼具绿地的美化环境和排水功能的绿地植草方法。

▶ 材料特点

1. 绿化率高：其植草腔内曲面的专利设计，可提高绿化率。

2. 承载力强：具有良好的整体性、连续性，最高承重可达到 60t。

3. 成活率高：所有植草孔腔彼此连接，使草皮成活率大大提高。

4. 耐用性持久：利用模具现场铺设，一次性成型，其性能稳定、持久耐用，无须维护，且随着时间的增长植草会成长得更加丰满、更显美感，具有长期的经济性和实用性。

▶ 企业名称

北京近山松城市园林景观工程有限公司

图 1　上海崇明东滩湿地公园

图 2　天津第三届中国绿化博览会

图 3　平遥古城

张佐双

▶ 人物简介

北京植物园原园长、原北京市园林局副总工程师、北京市公园管理中心原副总工程师，教授级高级工程师，全国绿化劳动模范，享受国务院政府特殊津贴，兼任国家住房城乡建设部风景园林专家委员会委员、中国城科会绿色建筑与节能专业委员会立体化学组组长、中国建筑节能协会立体绿化专业委员会原主任、世界屋顶绿化协会原副主席；荣获国家、省部级科研成果奖 10 余项，参与出版专著 10 余部，在国内外学术刊物发表论文数十篇。

王仙民

▶ 人物简介

中国立体绿化的先驱，自2000年起，生前一直致力于屋顶绿化在中国的推广。2006年一手创办了北京市屋顶绿化协会。2009年8月创办了世界屋顶绿化协会并任副主席兼秘书长，在此期间将世界屋顶绿化大会引入中国，2010—2015年间在国内成功举办了五届世界级屋顶绿化大会，将国外立体绿化先进技术与理念引进中国，从而大力推动了中国立体绿化事业的发展，为中国的屋顶绿化发展做出了重大贡献。曾任世界屋顶绿化协会副主席兼秘书长，中国绿色建筑委员会立体绿化学组副组长兼秘书长，世界屋顶绿化基础设施联盟常委，世界屋顶绿化大会执行主席，原北京屋顶绿化协会秘书长、创始人，原长城绿色工程组委会秘书长，原北京大学亚太教育中心副院长。

乔世英

▶ 人物简介

中共中央直属机关绿化委员会原办公室主任，负责中直机关义务植树和庭院绿化美化、宣传发动、组织协调、检查指导、评比表彰相关工作。2015 年退休后在住房城乡建设部中国建筑节能协会立体绿化与生态园林专业委员会任常务副主任，努力学习，不怕苦累，主动开展工作，为我国生态文明建设做出应有的贡献。

谭一凡

▶ 人物简介

深圳市中国科学院仙湖植物园研究员，现任中国建筑节能协会立体绿化与生态园林专业委员会副主任委员，深圳市立体绿化协会专家委员会主任。从事立体绿化事业20余年，主持了《轻型屋顶绿化综合技术开发研究》项目，获2009年度广东省科学技术奖二等奖；系最早对国内外立体绿化政策进行系统研究的学者，“国内外屋顶绿化公共政策研究”一文首次发表在《中国园林》2015年第11期，为国内许多城市立体绿化公共政策制定起到了重要作用；作为主要参与者，编制了《立体绿化栽培基质通用技术标准》，该标准的颁布，大大缩短了我国立体绿化行业在这个领域的技术差距。

韩丽莉

▶ 人物简介

北京市园林科学研究院景观规划设计研究所所长，教授级高级工程师，长期从事城市园林规划设计、园林工程、立体绿化和城市园林生态方面的研究，曾荣获北京市科技进步二等奖一项、三等奖一项，住房城乡建设部建筑节能创新奖二等奖一项，住房城乡建设部华夏科技进步三等奖一项；2008 年被评为北京市“三八红旗手”，2012 年首都绿化美化先进个人。现兼任中国风景园林学会城市绿化专业委员会副主任，中国城科会绿建委立体绿化学组副组长，中国建筑防水协会种植屋面分会秘书长，中国建筑节能协会立体绿化专业委员会副主任。

谭天鹰

▶ 人物简介

首任北京屋顶绿化协会会长，园林绿化管理高级经济师，原首都绿化委员会办公室副主任，多年从事首都绿化工作的宣传和相关政策研究，撰写多部著作，发表多篇文章。2006 年成立全国第一家屋顶绿化行业协会，致力于宣传屋顶绿化新理念、推广其新技术。协助市政府主管部门把屋顶绿化写入了新编《北京市绿化条例》，并与全民义务植树运动相结合，明确实施屋顶绿化是公民义务植树的尽责形式之一，协助市园林绿化局开展调研，促成了北京市人民政府 2011 年推进城市空间立体绿化工作的 29 号文件的出台。

截至 2020 年，全市 230 多万平方米的屋顶绿化和几十户的家庭园艺种植都凝聚着他及其团队的辛勤汗水，这些半空中精雕细琢的风景都留下了他辛勤的汗水和奋斗的足迹，是名副其实的北京乃至全国推动以屋顶绿化为主的建筑绿化的领军人。

马丽亚

▶ 人物简介

马丽亚，天津市园艺工程研究所建筑绿化专项研究室主任，兼任北京屋顶绿化协会副会长、中国建筑防水协会种植屋面分会副会长及专家、京津冀生态景观及立体绿化产业技术创新战略联盟秘书长、中国建筑文化研究会生态人居及康养专委会秘书长；自 2001 年起，专业从事建筑基础绿化研究，为中组部、科技部节能示范楼、全国政协、北京红桥市场、北京市政府新办公楼、北京奥林匹克公园生态廊桥、天津市民广场、天津滨海高新技术服务区坡屋面、上海市人民广场、中国人民解放军后勤工程学院节能示范楼等一大批建筑绿化工程提供材料及为设计施工节点提供技术服务；曾获无机基质发明国家专利，并编撰企业标准，参与编写地方标准、行业标准，出版图书《京津冀立体绿化经典案例》。

李伯钧

▶ 人物简介

浙江省农业科学院高级农艺师，中国建筑节能协会屋顶绿化与节能专业委员会副主任委员，浙江省农业科学院老科协理事、副秘书长、园艺学组组长；从事屋顶农业、以屋顶农业为载体的循环农业、未来城市可持续性探索等方面的研究，开辟了建筑与农业结合的屋顶造地农业利用和以屋顶农业为载体的微循环农业生物链系统；多次受邀参加 APEC 生态城镇建设、立体绿化、立体农业、建筑节能等国内外学术研讨会；受多个国家邀请传授屋顶农业技术；所做屋顶农业案例被拍摄成专题片在中央七台、十台等进行报道；被业界誉为“屋顶农业第一人”。

赵定国

▶ 人物简介

上海市农业科学院生态所高级农艺师，中国管理科学院终身研究员，上海市老专家协会推广研究员，上海（市政协）科技成果转化促进中心专家；主持创造发明的“佛甲草轻型屋顶绿化技术”成果已在中国大面积推广应用，推动了中国屋顶绿化的进程，并获得上海市科技进步二等奖；主持的“屋顶绿化节能减排数据研究”，填补了国内空白；主编、参编多部著作，拥有多项发明专利和实用新型专利，被称为中国“佛甲草之父”；提出的“建筑外立面轻型绿化”将为中国建筑外立面大面积绿化提供一个新的技术方向。

吴锦华

▶ 人物简介

研究员级高级工程师，江苏省产业教授，获全国建设系统劳动模范、南京工匠、南京市五一劳动奖章、南京市技术能手等称号。南京万荣园林实业有限公司总工程师。自2005年起研究和实践立体绿化，研究成果获20多项国家发明专利、10多项省级工法，主持或参与完成了10多项省、市科研课题；主持编写江苏省《立体绿化技术规程》、南京市《立体绿化技术导则》等技术标准；部分成果入选国家、省、市推广新技术与产品目录；实施的多个立体绿化项目获江苏省扬子杯和南京市金陵杯等优质工程奖；创办绿空间立体绿化技术培训，加强与同行合作交流，推动立体绿化技术共同进步。

王兆龙

▶ 人物简介

2000 年获南京农业大学作物栽培学与耕作学专业博士学位，1999 年至 2003 年分别在美国康奈尔大学作物与土壤科学系和美国罗格斯大学草坪研究中心攻读博士后，2003 年任职于上海交通大学农业与生物学院教授 / 博士生导师，2004 年入选教育部新世纪优秀人才支持计划；主要研究方向为屋顶绿化技术与城市生态功能提升、草坪抗逆生理与新品种选育；研究成果获国家发明专利授权 13 项，育成 5 个草坪新品种，在国内外学术期刊发表论文 100 余篇，其中 SCI 收录论文 40 余篇。

柯思征

▶ 人物简介

上海中卉生态科技股份有限公司董事长兼总经理，工商管理硕士、高级工程师、中共党员，现为全国城镇风景园林标准技术委员会委员、中国建筑防水协会种植屋面技术分会会长、中国建筑节能协会立体绿化与生态园林专业委员会副主任委员、中国工程建设标准化协会绿色建筑与生态城区专业委员会理事、上海市建筑材料协会建筑绿化分会副会长、深圳市绿色建筑协会专家委员会委员、重庆市绿色建筑协会立体绿化专委会副主任委员；参与国家十一五、十二五、十三五科技支撑课题研究，参与国家屋面绿化、垂直立体绿化、国家海绵城市标准图集的编制，参与绿色建材评价标准《屋面绿化材料》编制，并成功地从园林绿化企业跨界到建筑材料企业。

李树华

▶ 人物简介

日本国立京都大学农学（造园学）博士，清华大学建筑学院景观学系教授、博导。兼职日本东京农业大学客座教授、西北农林科技大学客座教授。社会职务有亚洲园艺疗法联盟主席、中国风景园林学会园艺疗法与园林康养专业委员会主任委员、中国社工联合会心理健康专业委员会园艺疗法学部主任委员、《城市林业》副主编、《北京林业大学学报》副主编等。主要研究方向为园艺疗法与康复景观设计、植物景观与生态修复设计、园林历史与文化等。

赵惠恩

▶ 人物简介

北京林业大学园林学院教授，主要致力于北方建筑绿化、寒旱区荒漠化防治、北方矿区植被恢复、西部乡村振兴、美丽中国西北建设及“一带一路”沿线干旱区域适宜先锋植物育种研究。曾遍访我国东北草甸、西南草原、西北荒漠等植被类型区域系统，收集适宜北方寒旱区域城市屋顶绿化的适宜地被植物，并引种国外屋顶绿化适宜植物，建立了我国北方屋顶绿化植物材料基因库。在进行各类景天属植物应用研究同时，还开展了多种耐旱节水地被植物的屋顶试验研究，筛选出了适宜北京等地低养护的部分屋顶绿化适宜模式，连续 10 年为本科生开设生态建筑绿化技术概论课程，培养多名建筑绿化研究生。

天地建筑创新技术成都有限公司

▶ 企业简介

天地建筑创新技术成都有限公司（以下简称公司）隶属于新疆天地集团，是一家专业从事建筑创新设计和创新建筑开发的企业。公司联合国内外众多顶尖专家团队经过七年的建筑创新研究，完成创新设计“第四代住房”并全部获得中国版权局注册，并已获得中国、欧盟、日本、韩国等几十个国家和地区的几十项发明专利。

▶ 业务范围

建筑创新技术推广、设计；房地产开发；房屋销售；房屋建设施工；房屋拆除（不含爆破）；土石方工程施工；销售：建材、电器设备、保温材料；园林绿化工程、道路工程施工、外墙保温、房屋防水、装饰、装修、施工；城市森林花园及建筑群的研究、成果转化、专利合作、授权使用及收费；科技建筑设计；知识产权信息咨询等。

图 1　未来城市

图 2　天空之城

图 3　立面图

▶ 产品简介

第四代住房，又称庭院房、立体园林生态住房或城市森林花园建筑。它有三种建筑形式，即“空中停车住宅”“空中立体园林住宅”“空中庭院住宅”。该项目属新疆天地集团又一创新产业，将“绿色生态，环保节能”的理念创造性地应用于建筑中。

第四代住房集中国传统四合院、北京胡同街巷、空中别墅、空中园林、智能停车以及电梯房的全部优势于一身，使住房与绿化园林融为一体，充分利用建筑外墙进行空间绿化、立体绿化，并采用全球独具创新的自主知识产权“庭院转换技术”和“街巷三维立体技术”，将城市街巷、道路、园林、商店、停车等全都设置在空中，并让整个建筑外墙都被花草树木所覆盖，开创了一种新的符合中国传统居住文化的住房模式，使高层住房在居住效果上都如同一两层高的低层四合院，使居住都拥有“前庭后院”，拥有室外活动空间、街坊四邻、绿色自然。

在国家大力打造生态城市，发展绿色建筑的今天，这种“层层有街巷、户户有庭院”的垂直森林，既能改善人居环境，满足人民对美好生活的向往，又可促进城市生态发展，获得良好的社会和生态效应，打造“开窗见田、推门见绿”的田园风光，是公园城市形态做出的一次伟大突破，也是人类未来绿色生态城市、森林城市、公园城市建设的发展方向，更是实现“建设美丽中国”的重要抓手！

▶ 企业荣誉

新疆天地集团成立于 1994 年，是新疆著名的民营企业之一，先后被授予全国文明诚信企业、第三届全国成长企业百强冠军、中国诚信企业、新疆先进私营企业、新疆纳税大户、慈善爱心企业等众多荣誉。集团共有全资子公司 16 家，分别从事商业、房地产业、生产加工业、生物药业、电子通信业、酒店服务业等众多行业，以原创资产在九年时间里增长 5000 余倍的非凡业绩，创造了西部企业的发展奇迹。

图 4　夜景鸟瞰图

图 5　生态城

图 6　空中别墅

图 7　空中停车

图 8　城市森林花园

河北龙庆生物科技有限公司

▶ 企业简介

河北龙庆生物科技有限公司（以下简称公司），是一家生产新型基质的环保企业，公司依托北京农学院基质创新团队的科技成果，致力于生产优质高端的新型基质。公司位于承德市滦平县付营子乡，注册资本2000万元，占地20余亩，总建筑面积6000余平方米，其发酵、混料调配、称量包装、检验检测等生产设备均处于国内领先水平。公司现有产能每年可消耗人造火山岩12万吨、农业废弃物15万吨，实现产量达20万吨，产值8000万元，解决就业100余人。公司已在承德市政府与北京农学院合作框架内，注册成立国内首家基质产业技术研究院，聚集国内外再生基质研究高端技术人才，研发系列新型基质产品。公司生产的栽培基质代表国内栽培基质的先进水平，被选入2019年北京世界园艺博览会，获得了业内专家学者的一致好评。

公司受中国建筑节能委托，与北京农学院共同主持编制了标准《立体绿化栽培基质（通用）技术标准》。公司于2017年获得中国建筑节能协会立体绿化与生态园林专业委员会的中国屋顶绿化与节能优秀材料奖。2017年在基质生产研究与推广方面获农业部科技成果二等奖，并被授予农业农村部北方重点实验室承德基地、北京农学院研究生基地、北京农学院教授工作站等称号。

图1　生产车间

图 2　发酵车间

▶ 产品简介

公司拥有屋顶绿化基质、育苗基质、栽培基质以及园艺栽培基质四大种类，主要产品是：

1. 屋顶绿化专用基质 1 号（简单式屋顶绿化专用）；2. 屋顶绿化基质 2 号（花园式屋顶绿化专用）；3. 屋顶绿化专用基质 3 号（果蔬式屋顶绿化专用）；4. 叶菜类育苗基质；5. 瓜果类育苗基质；6. 草莓专用栽培基质；7. 土壤改良专用基质；8. 肥效缓释专用基质。

▶ 荣誉与资质

2017 年荣获农业部“神农中华农业科技奖”、2018 年荣获中国农技协农村合作组织发展研究专业委员会“全国农科教推土壤健康保护先进单位”、2019 年获得质量管理体系认证（证书编号：10619QR0S）。

获奖证书

编号：NKJT18021

河北龙庆生物科技有限公司：

贵单位荣获二〇一七年度

全国农科教推土壤健康保护先进单位

中国农技协农村合作组织发展研究专业委员会

全国农科教推保护单位与优秀人物评选活动组委会

二〇一八年一月

图 3　全国农科教推土壤健康保护先进单位

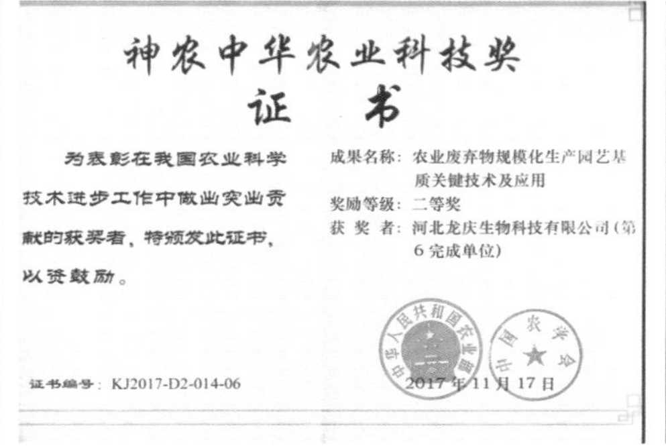

神农中华农业科技奖

证　书

为表彰在我国农业科学技术进步工作中做出突出贡献的获奖者，特颁发此证书，以资鼓励。

成果名称：农业废弃物规模化生产园艺基质关键技术及应用

奖励等级：二等奖

获 奖 者：河北龙庆生物科技有限公司（第 6 完成单位）

证书编号：KJ2017-D2-014-06

2017 年 11 月 17 日

图 4　神农中华农业科技奖

CHTC

质量管理体系认证证书

河北龙庆生物科技有限公司

GB/T 19001-2016 / ISO 9001:2015

标准要求（不适用 8.3）

图 5　质量管理体系认证证书

北京大地聚龙生物科技有限公司

▶ 企业简介

北京大地聚龙生物科技有限公司（以下简称公司），坐落于北京市延庆区旧县镇大柏老村西。公司通过建设蚯蚓养殖大棚，延长了蚯蚓的养殖时间，40余栋蚯蚓粪大棚，约120亩蚯蚓养殖地，每年可延长处理时间2个月，相当于增加5000头牛的牛粪处理能力。蚯蚓养殖场包揽了周围几个大型养牛场的所有牛粪，用120亩地来养蚯蚓，牛粪成了蚯蚓的食源，污染问题随之解决了，还衍生出以蚯蚓粪肥为主的绿色循环农业。通过利用蚯蚓粪分别和中药药渣、酒糟、秸秆等废弃物制作园艺基质、盆栽基质，添加无机物生产立体绿化专用基质。

▶ 经营范围

公司致力于屋顶绿化、墙面绿化、屋顶农业、桥梁绿化、花卉盆栽、草坪种植、园林绿地栽培、园林园艺育苗与栽培等方面的基质材料服务。

▶ 产品简介

蚯蚓粪为主体的立体绿化基质和园艺基质产品选用经无害化处理的蚯蚓粪和不同基质原料按特定比例混合，将许多有益生物及多种氨基酸加入其中，有机物—微生物—生长因子合理结合起来可以产生增肥、持水、保肥、抗病、养土的优异性能。基质中含大量微生物、氨基酸，至少含有两种以上有拮抗作用的微生物，可迅速抑制土中有害菌的繁殖，特别适用于盆栽基质。

基质产品打开即可使用。

▶ 所获专利和奖项

公司获得农业农村部中华农业科技一等奖、全国农牧渔业丰收一等奖，并成为农业农村部华北都市农业重点实验室实验基地。公司具有有机肥和基质方面专利5项，申报屋顶绿化专用基质专利2项。

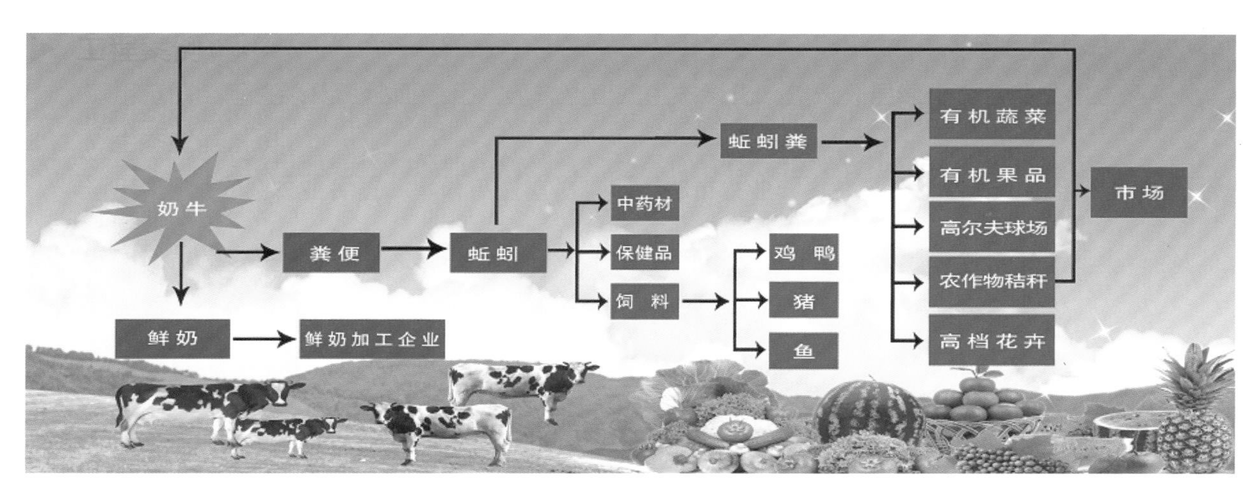

图 1　以蚯蚓粪肥为主的绿色循环农业

图 2　小丰营绿菜园蔬菜种植合作社

图 3　2019 世园会百蔬园

图 4　使用基质后生长的植物

图 5　温都水城

北京沃晟杰种植用土有限公司

▶ 企业简介

北京沃晟杰种植用土有限公司（以下简称公司）成立于 2013 年 6 月，注册资金 1000 万元人民币。公司与北京多家科研院校、机构建立了战略合作关系，被授权国家星火技术项目示范基地、国家星火支撑项目示范基地；技术力量雄厚，设备先进。公司集研发、生产、销售为一体，以质量求生存、以服务求发展。

▶ 业务范围

生产各类种植土（主要包括花草用土、树木土、蔬菜土）和生产有机肥料、微生物肥料；专业承包；劳务分包；销售自产产品、新鲜蔬菜、新鲜水果、花、草；技术开发；具有有机基质、种植土、基质、有机肥料、颗粒有机肥、生物有机肥的生产、销售资质。

▶ 产品简介

有机基质适用于对承重条件要求苛刻的建筑物屋顶，对栽培基质重量有着严格要求的绿化。也适用于要求有机质、养分较高的建筑物屋顶绿化，更适用于各种小区绿化、园林景观种植等。该产品具有无污染、无异味、有效养分含量高而全、长效缓释、质轻多孔、防虫驱虫、增强苗木抗病能力等突出优点，尤其适合作为屋顶绿化的栽培基质。

图 1　北京蓝河湾小区

图 2　北京银河湾小区

深圳市翠篆科技绿化工程有限公司

▶ 企业简介

深圳市翠篆科技绿化工程有限公司（以下简称公司或翠篆科技）成立于2016年，隶属南海控股集团（股份代号：00680.HK），是立足于立体绿化和生态环境领域关键性技术研发的高新技术企业。2018年，公司将自身定位迭代升级为“国内领先的立体绿化（上游）产品和服务供应商”，强力推进立体绿化关键性技术研发，提供新一代立体绿化集成解决方案。

截至目前，公司拥有三十多项发明专利，并在国内推出具有国际领先技术水平的垂直绿化VGS系统、智能呼吸幕墙系统和生态海绵系统等，解决了立体绿化中的诸多技术难题，引领整个行业的技术革新。

企业运营方面，翠篆科技始终坚持团队专业化、布局前瞻化、竞争市场化的发展思路，不断构建新的盈利增长点，具备领先的可持续发展能力。公司现已成立深圳总部、广州分部、杭州分部，招揽人才百余人，拥有覆盖立体绿化领域全业务线及全产品种类的技术能力，一站式帮助政府、企业解决立体绿化实施过程中遇到的问题，成为产业创新的先行者和生力军。

▶ 业务范围

立体绿化、园林绿化、生态环境的设计、施工及后期养护；灌溉技术的开发及技术转让；节能减排产品的技术开发；生活垃圾和绿化废料堆肥的技术开发及转让；苗圃花草、树木、果蔬的栽培销售等。

▶ 产品简介

智能呼吸幕墙系统以装配化、集成化、自动化、智能化为核心优势，是一套足以革新现有垂直绿化工艺的全新系统。整套系统包括预装支撑结构、机器人安装平台、智能运维平台三大部分，每平方米质量为80～100kg，实现了自动取放植物模块、自动修剪植物枝叶、自动蓄水有组织排水、后期智能运维等多种功效，有效推动垂直绿化向高空发展。

图 1　机器人安装平台运输植物模块过程示意

图 2　智能呼吸幕墙系统机器人安装平台结构示意

▶ 企业荣誉

广州花都区自由人花园三期立体绿化工程获得 2018 年中新立体绿化合作示范项目、2019 年新加坡 LIAS Awards 海外项目金奖称号；深圳市建筑工程质量监督和检测实验业务楼立体绿化工程获得 2018 年中新立体绿化合作示范项目称号。

▶ 工程案例

1. 广州花都区自由人花园三期立体绿化工程

建成时间：2018 年；面积：15000m^2；施工单位：翠篆科技；联合设计单位：翠篆科技、新加坡建恒集团。

图 3　15000m^2 垂直绿化全景

图 4　建筑外立面植物景观墙

图 5　建筑外立面植物景观墙

图 6　室内“富春山居图”植物景观墙

图 7　屋顶绿化景观

2. 浙江安吉年年有余旅游综合体立体绿化工程

建成时间：2020 年；面积：1000m^2；设计及施工单位：翠篆科技

图 8　年年有余旅游综合体项目侧方鸟瞰

图 9　建筑入口绿化景观

图 10　绿化近景

南京万荣园林实业有限公司

▶ 企业简介

南京万荣园林实业有限公司（以下简称公司）是一家科技型的综合园林企业。目前旗下有南京万荣景观工程有限公司、南京万荣立体绿化工程有限公司、南京丁山园艺有限公司三家子公司，拥有科技研发、规划设计、工程营造、立体绿化、生态修复、园林养护六个业务板块。

公司近年主持或参与完成了江苏省《立体绿化技术规程》《立体绿化设计图集》、南京市《立体绿化技术导则（试行）》等多项省市立体绿化研究课题。公司产品“轻型屋面绿化技术系统”和“异型屋面种植袋系统”分别入选国家《海绵城市建设先进适用技术与产品目录》(第一批)和(第二批)，在立体绿化技术与产品的研发上，科研能力和技术水平处于国内领先水平。

公司近年建设完成了江苏省示范“银城广场辅楼屋顶绿化”、鲁班奖“凤凰谷立体绿化”、扬子杯“紫东G5垂直绿化”、金陵杯“南京火车站北广场垂直绿化”、边坡生态修复“嵊州大道立体绿化”等一批有影响力的立体绿化项目。

▶ 产品简介及工程案例

1. 种植毯系统

由柔体基盘与种植毯组成改良型种植毯系统，适用范围较广，不受形状、模数限制，随意切割成型，尤其适合异型墙体。采用特制材料形成近自然山体表皮，植物根系生长自由，生命周期长，能很好地适应气候变化和季节更迭，为建筑量身定制绿色外衣。

2. 种植盒系统

1号种植盒系统包含72只盒+1张网片，设计精巧，结构安全稳固，装配灵活，平面或曲面墙体均可安装，快速打造市政节庆花墙，立体感更强。

2号种植盒系统安装快捷，灌溉高效，满足植物生长的水分需求。可随时调整喜欢的植物，造型百变，效果立显，家用办公场所的纯天然绿色氧吧。

3. 生态屋面绿化盒

生态屋面绿色盒入选国家《海绵城市建设先进适用技术与产品目录》(第一批)，产品规格为长500mm×宽330mm×高110mm，每平方米6盒，生态屋面绿化盒具有总体质量轻、维护成本低、使用寿命长等优点，可在圃地预培，安装简便，适宜大规模屋顶绿化的快速施工，斜度不大的屋顶亦可使用。

图 1　南京证大喜马拉雅绿山建筑绿化项目

图 2　南京云南路地铁站

图 3　办公场所植物墙

4. 灌溉智能监测系统

灌溉智能监测系统由绿墙宝主机、远传水表、温湿度计、电磁阀及绿墙宝手机 APP 组成，能实时监控水流量，实时推送异常信息给用户，可控制浇灌时间段和浇灌周期，并能将指定浇灌周期内的浇灌数据实时下发给用户。该系统具有动态监测、实时预警、高效持久、精准浇灌、省工节水、安全便捷等显著特点，可随时随地掌控立体绿化项目的精准灌溉。

5. 专利及软件著作权

实用新型专利：一种种植毯型植物墙系统、一种多用途自动灌溉施肥控制系统、PE 种植盒、PE 种植盒绿墙、潮汐灌溉绿墙、自浇盆及自动灌溉绿墙、移动式生态型屋面绿化模块、灌溉智能控制和监测系统。

发明专利：灌溉智能监测系统。

计算机软件著作权：绿墙宝安卓接口端软件、绿墙宝后台管理及网关通信软件。

图 4　南京鼓楼区政府屋顶绿化

图 5　南京立体绿化工程技术研究中心

北京圣洁防水材料有限公司

▶ 企业简介

北京圣洁防水材料有限公司（以下简称圣洁防水）成立于1999年，注册资金7000万元。致力于系统解决防水问题的探索和研究，经过二十年的积累与沉淀，圣洁防水已发展成为集产品研发、生产、销售、施工于一体的综合性防水公司，是中国防水二十强企业，拥有国家专业防水一级资质。

▶ 业务范围

圣洁防水主营产品GFZ点牌高分子增强复合防水卷材，以其优异的性能和可靠的品质2004年被建设部确定为“科技成果推荐产品”，被纳入《节能省地型建筑推广技术目录》。GFZ点牌复合防水体系在全国防水行业中第一批通过了北京市园林科学研究所两年的种植实物检测，是全国同类产品中第一家取得种植实物检验报告的防水企业。优异的耐根穿刺性能被广泛用于各种种植屋面，该体系产品被中国施工企业管理协会、国家建筑材料测试中心誉为“中国建筑施工首选环保建材”，并成功服务于北京城市副中心地下综合管廊、北京世界园艺博览会园区地下综合管廊、北京新机场地下综合管廊、奥林匹克公园、奥运村、丰台垒球场、奥体中心兴奋剂检测中心、水上公园等奥运工程；北京地铁5号线、6号线、8号线、10号线、14号线、15号线、16号线、八通线；天津地铁1号线；深圳地铁5号线、9号线9105标段和合肥地铁1号线等经典工程，得到业主和社会的广泛认可。

图1　圣洁防水产品

图 2　北京新机场地下综合管廊防水

图 3　深圳地铁 9105 标段种植顶板防水

图 4　北京美丽家园种植屋面防水

上海中卉生态科技股份有限公司

▶ 企业简介

上海中卉生态科技股份有限公司（以下简称公司）始创于2009年，始终致力于绿色建筑技术的研发与创新，主要从事国家新型屋面绿化材料的研发、生产、销售及国家海绵城市工程项目施工。公司拥有15项国内发明专利，1项美国发明专利，28项实用新型专利，参与国家“十一五”“十二五”“十三五”科技支撑课题研究及十余项标准编制，是上海市院士专家工作站、博士后创新实践基地、企业技术中心、上海市科技小巨人（培育）企业、国家高新技术企业等。

▶ 产品简介

中卉建筑绿化材料 - 绿植板系列产品根据建筑形式不同，分为屋面绿化和墙体绿化，该系统是以容器种植为核心，集营养基质、中卉耐旱植物为一体的新型建筑绿化技术，具有完善的蓄水、保温、隔热、阻根、排水等功能。可有效改善城市环境、降低城市热岛效应、减少雨水径流、增加绿视率、提高建筑寿命、减少环境污染、节约能源等。

图1　上海总公司（一）

▶ 工程案例

厦门金砖会议垂直绿化墙设计施工、厦门香山游艇码头屋面绿化、廊坊润泽数据中心屋面绿化、重庆机场T3航站楼屋面绿化、厦门中航紫金广场屋面绿化、遵义青少年活动中心屋面绿化、世博展览馆屋面绿化、杨浦区政府屋面绿化、杨浦区市容绿化管理局屋面绿化、深圳市明德学校屋面绿化、中国城市建设研究院燕郊实验楼屋面绿化、上海进博会墙体绿化、福建省建设厅屋面花园、武汉军运会屋面绿化等。

▶ 荣誉及资质

公司荣获第99届法国巴黎国际发明展览会两项发明奖、高新技术企业、上海市科技小巨人（培育）企业、上海市专利工作试点单位、中国屋顶绿化与节能优秀企业、杨浦区博士后创新实践基地、上海市院士专家工作站、中国绿色科技创新优秀企业、上海科技企业孵化器30年明星科创企业、先进企业奖等。

公司通过了质量（ISO 9001:2015）、环境（ISO 14001:2015）、能源（ISO 50001:2011）、职业健康安全（OHSAS 18001:2007）四项体系认证。

图2 上海总公司（二）

图3 上海总公司（三）

图4 上海总公司（四）

图5 上海总公司（五）

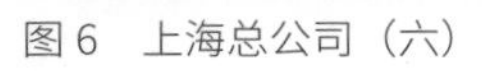

图 6　上海总公司（六）

图 7　上海总公司（七）

图 8　上海总公司（八）

图 9　上海总公司（九）

图 10　厦门子公司

图 11　重庆子公司

深圳市万年春环境建设有限公司

▶ 企业简介

深圳市万年春环境建设有限公司（以下简称公司或万年春）成立于2001年，注册资金人民币1亿万元。经营范围包括：园林绿化工程设计与施工、市政公用工程设计与施工、建筑装饰装修工程设计与施工、花卉苗木的开发与销售、营造林工程设计与施工等。

公司全力打造“万年春”品牌，先后荣获中国风景园林学会“优秀园林绿化工程奖金奖”“广东省风景园林优良样板工程金奖”“深圳市优良样板工程金奖”等多项奖项，为公司赢得了较好的经济效益和良好的公司形象。

生态文明构筑“美丽中国”。展望未来，我们不仅希望万年春能够给社会各界带来一个个工程的精品，紧扣时代的节拍，融入社会的潮流，更希望能够为社会带来新的园林文化，留下万年春人智慧和创造的足迹，使企业更上一层楼。

▶ 荣誉及资质

公司具有城市园林绿化企业壹级资质，建筑装饰工程施工贰级资质，建筑装饰工程设计乙级资质，市政公用工程总承包叁级资质，营造林工程施工乙级资质，营造林工程设计、监理乙级资质，环保工程专业承包叁级资质，林业调查规划设计资质，林业有害生物防治资质及林业调查规划设计资质。

图1　高新西产业配套宿舍项目

图2　丽湖中学立体绿化

图 3　牛角田花海

图 4　鹏基万林湖景观工程

图 5　深南大道中央绿化

图 6　龙城公园绿道

图 7　新城学校屋顶绿化

上海溢柯园艺有限公司——DCT 设计建造事务所

▶ 企业简介

上海溢柯园艺有限公司——DCT 设计建造事务所成立于 2003 年，14 年造园经验，2000 多个花园客户的花园服务经验，出版了 4 代庭院设计畅销书，创办中国第一个家庭园艺协会，并担任常务副会长，受上海市政府、上海绿化行业协会委托，正式成为上海市家庭园艺服务设计工程行业规范的编写制定单位。

▶ 工程案例

1. 政府、企业、商业项目

上海市政府中庭（景观设计及建造）、上海世博会爱尔兰馆（景观建造）、上海百联又一城购物中心中庭（景观设计及建造）、上海环球金融中心——北欧特展（景观设计及建造）、上海 K11 购物中心——达利花园 / 莫奈花园（景观设计及建造）、朗诗集团上海朗诗研发院中庭（景观设计及建造）、上海江南华府天地屋顶景观（景观设计）、（达芙妮）永恩实业（上海）有限公司中庭（景观设计及建造管理）、上海杨浦区创智坊（景观设计及建造）、上海佘山月湖山庄售楼处（景观设计及建造）、上海滨海高尔夫球场（景

图 1　温莎半岛

观设计及建造)、上海财富广场（景观设计及建造）、上海静安区统战部（景观设计及建造）、上海酷迪宠物公园（景观设计及建造）、上海大金集团屋顶（景观设计及建造）、上海佳吉快运快捷酒店（景观设计）、上海置业兰湖硅谷中心上海置业（景观设计及建造）、上海滨海菁英汇（景观设计及建造）、上海城隍庙乐颂坊（景观设计及建造）。

图 2　上海 K11 购物中心——达利花园

2. 私家别墅花园项目（以下项目均为设计及建造）

上海佘山高尔夫郡、上海佘山世贸庄园、上海东紫园、上海佘山月湖山庄、上海檀宫、上海西郊庄园、上海华洲君庭、上海汤臣高尔夫别墅、上海兰桥圣菲别墅、上海绿城玫瑰园、上海西郊大公馆、上海万科翡翠别墅、上海天马高尔夫、上海大都会、上海东郊半岛、上海丰泽湾、上海太阳湖大花园、上海白金汉宫、上海圣安德鲁斯庄园、上海颐景园、上海创世纪花园、上海西郊明苑、上海绿洲江南园、上海生茂养园、深圳银湖山庄、深圳观澜高尔夫、宁波九龙湖、苏州九龙仓、苏州湖滨四季、南昌保利国际高尔夫别墅。

▶ 所获奖项或第三方认证

英国皇家园艺协会 RHS 终身会员、日本小庭院协会 JNS 中国理事、国际花园中心协会 IGCA 唯一中国会员。

图 3　苏州保利别墅花园（一）

图 4　苏州保利别墅花园（二）

河南希芳阁绿化工程股份有限公司

▶ 企业简介

河南希芳阁绿化工程股份有限公司（以下简称公司）成立于2009年，位于郑州市高新区国家大学科技园，公司主要业务板块包括屋顶绿化、立体绿化、屋顶农业、生态修复等，是城市生态环境的综合管理者。通过对城市内部的屋顶绿化、立体绿化和生态修复，为建筑物和城市建设提供绿色生态环保的解决方案，从而解决了天蓝、水清、食品安全的问题。以“向天要地，向上要绿”为口号，将绿化的变革，从市郊到市区、从室外到室内、从平面到立面、从地面到屋顶、从有土到无土。

公司专注经营城市屋顶与立体绿化十年，在该领域走在前列。作为主参编单位，编写了《河南省屋顶绿化技术规范》《河南省立体绿化技术规范》《河南省城市绿地养护标准》等行业标准；拥有34项屋顶与立体绿化相关专利；“希芳阁”是国家著名商标、国家高新技术企业、河南省科技小巨人（培育）企业；公司的客户类型包括政府、企事业单位、个人等。其中政府和企事业单位为主要客户，相对于个人，政府的标的体量较大，持续性强，具备长期发展的特性。

▶ 工程案例

硅谷屋顶农场位于郑州市文化路与东风路交叉口硅谷广场6楼屋顶，2017年6月建成，面积约3700m^2，以租赁菜地为载体，提供儿童自然课堂、农耕体验、游乐活动等。农场主要设置为农业体验活动，功能主要包括种植地块租赁、农业种植、农业采摘、儿童自然课堂、亲子活动等。

图1　硅谷广场俯瞰

▶ 企业资质及荣誉

公司被郑州市科学技术局授牌为“郑州市建筑生态绿化工程技术研究中心”。

图 2　硅谷农场售票处

图 3　硅谷种植体验

图 4　硅谷农场葵园

图 5　硅谷游乐场

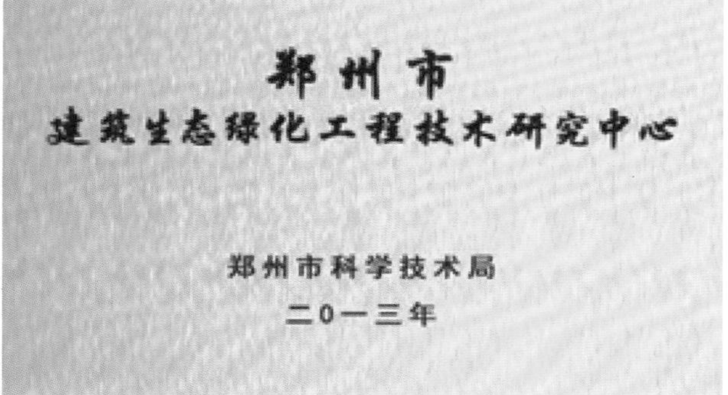

图 6　郑州市科学技术局授牌

杭州乐成屋顶绿化工程有限公司

▶ 企业简介

杭州乐成屋顶绿化工程有限公司（以下简称公司）成立于2012年9月，是国内研究屋顶农业的专业企业。公司的宗旨是根据每一幢建筑特点，在荷载安全的前提下，设计出实用性强，绿色生态，施工与管理方便，区域资源全方位利用，节能、节财，省工、省时、省力，满足在自然环境条件下，顺应作物生长发育需要的可行性方案；并建造出引领国内外不同类型屋顶农业利用和以屋顶农业为载体区域资源良性合理利用，既能修复或改善建筑区域自然生态，也能改善社会生态的各类样板工程。

▶ 工程案例

近年公司直接参与设计与协助完成施工的项目26项，其中包括杭州千岛湖金恒服饰有限公司屋顶农场（被2012杭州西博•世界屋顶绿化大会指定为会议参观样板工程，接待了来自国内外600多名参会专家、学者现场考察，获得了极高评价，被协会授予“屋顶农业与施工世界金奖”。还被中央十台“走近科学”栏目组摄制成“大楼里的农场”专题片播出）；南京紫东国际创意园屋顶农场（该工程被评为“江苏省绿色建筑示范项目”，还被中央七台“今日农经”栏目组摄制成“探密空中菜园”专题片播出）；杭州濮家小学屋顶农场（列入欧盟合作研究基地项目，还在中国建筑节能协会与中国花卉报社合办的“屋顶绿化十年回顾”大会上被评选为“中国屋顶绿化与节能优秀项目”）；另外，公司设计建造在浙江绍兴、丽水、萧山等地的屋顶农场，或以此为载体的区域微循环农业系统，也多次被中央十台、浙江卫视、浙江七台、西湖明珠以及绍兴、丽水等多家电视媒体拍成专题片或新闻类节目报道。

▶ 企业资质及荣誉

公司拥有国家实用新型专利4项，荣获多项设计奖。

城乡立体绿化企业资质证书

Urban-Rural Three-dimentional Greening Enterprises Qualiflaction Certificate

经评审　杭州乐城屋顶绿化工程有限公司　核定为城乡屋顶农业　贰　级企业，特发此证。

有效日期：2015年3月12日-2017年3月12日

证书编号：CABEE・浙・0002・贰

中国建筑节能协会

屋顶绿化与节能专业委员会

二〇一五年三月十二日

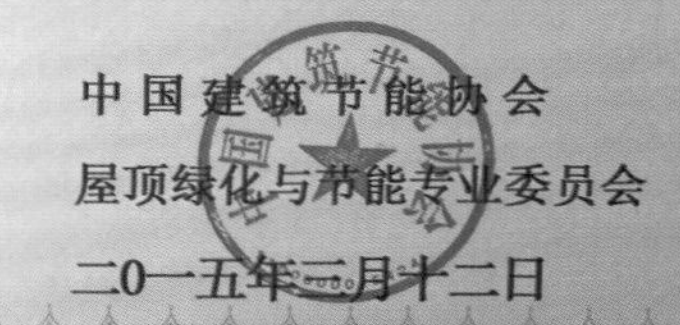

图1　城乡立体绿化企业资质证书

图2　纪念封——美丽奖·世界园林景观规划设计大赛命题设计银奖

图3　屋顶农业设计与施工金奖

图4　屋顶农业最佳人物金奖

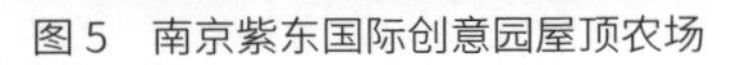
图 5　南京紫东国际创意园屋顶农场

图 6　屋顶玻璃温室工程

图 7　屋顶农业雾培工程

图 8　杭州萧山区党湾镇勒联村屋顶农业工程

深圳风会云合生态环境有限公司

▶ 企业简介

深圳风会云合生态环境有限公司（以下简称公司），是国家高新技术企业，注册于深圳市前海深港合作区。深圳市立体绿化行业协会副会长单位，深圳绿色建筑协会会员单位。主营生态景观建设和清洁能源开发，业务涵盖屋顶绿化、垂直绿化、家庭园艺、城市农业和景观设计等领域。公司参编国家标准 1 项，参与省市级课题研究 5 项，拥有国家专利 21 项，其中国家发明专利 7 项、实用新型专利 13 项、外观专利 1 项。荣获创新南山 2015 年“创业之星”大赛全球总决赛初创团队组季军，第七届中国（深圳）创新创业大赛总决赛材料与能源行业团队组亚军，2017 深圳“逐梦杯”大学生创新创业大赛总决赛季军。公司自主研发的国家发明专利产品——“绿色之舟”屋顶绿化种植模块入编《深圳市既有建筑屋顶绿化容器种植技术指引》《深圳市保障房标准化系列化研究课题》《深圳市保障房设计图集》，并入选《深圳市城管局既有建筑屋顶绿化改造推荐产品》，荣获“中国制造之美”等奖项。

公司具有博士级科研及技术水平。公司拥有一支专业互补、经验丰富、战斗力强的创始人团队，均系国内立体绿化行业顶尖人才。其中，博士 1 人，硕士 5 人，学士 20 人以上，涵盖园林、园艺、植物、环艺、建筑、生态、环境、水利工程等各个专业领域。

公司具有坚实的产学研基地及平台。公司依托 10000m^2 产品生产工厂，50 亩苗木培育基地，400m^2 研发及展示中心，构建了高起点、高水准、高质量的创新研发平台，与华南农业大学、深圳大学、上海交通大学、南京师范大学、甘肃农业大学、广东省建筑科学研究院、广州市林业和园林科学研究院、珠海市建筑设计院等建立了稳定的合作关系。

▶ 企业荣誉

荣获 2018 南山云谷创新产业园十佳最具投资价值奖、第七届中国（深圳）创新创业大赛总决赛材料与能源行业团队组亚军、2017 年“松湖杯”创新创业大赛中科创新广场分赛亚军等各类奖项。

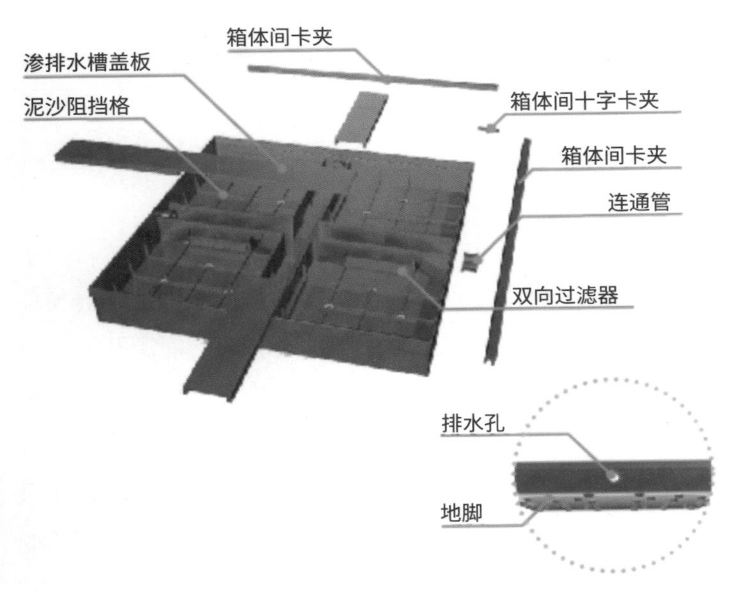

图 1 “绿色之舟”多功能屋顶绿化种植模块

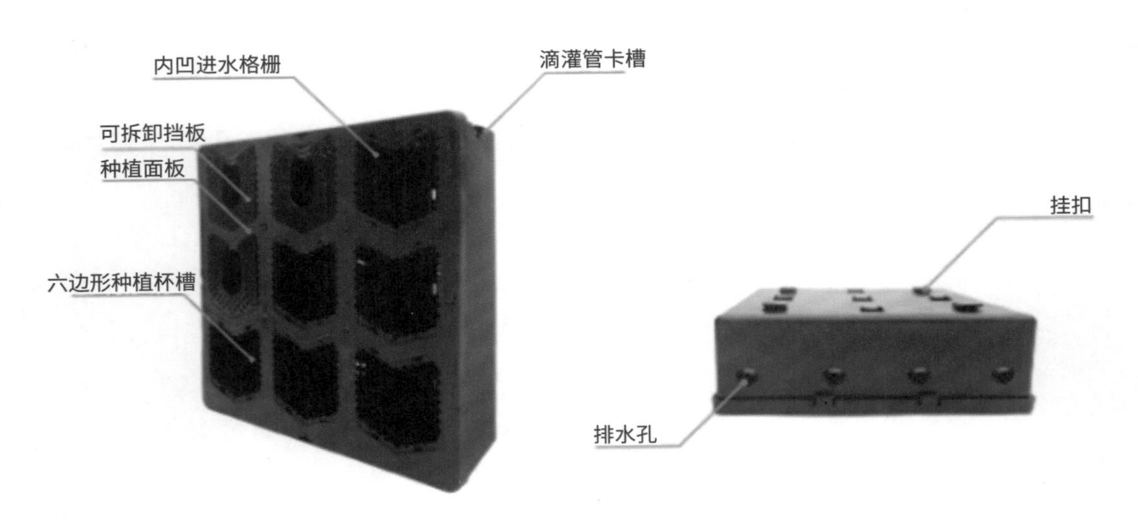

图 2 “绿色之墙”垂直绿化种植模块

图 3 福苑小学屋顶花园

图 4　珠海南方软件园屋顶花园

图 5　碧桂园凤凰国际智谷垂直森林

图 6　深圳蕾奥苔藓墙

图 7　腾飞工业大厦屋顶绿化

图 8　大沙河生态长廊景观示范段垂直绿化

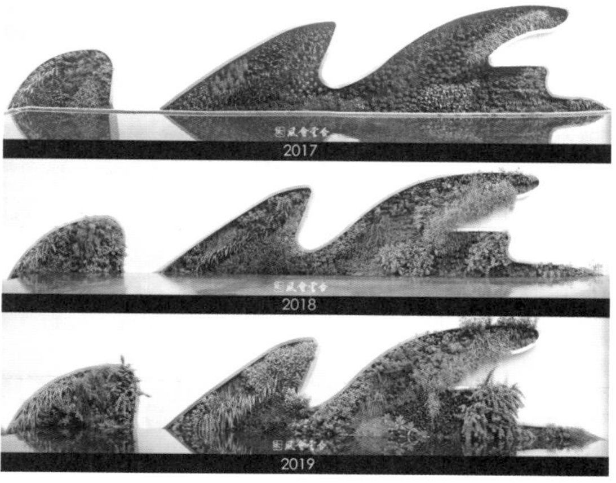

图 9　深圳中洲滨海华府垂直绿化

深圳市大竹叠翠屋顶花园技术开发有限公司

▶ 企业简介

深圳市大竹叠翠屋顶花园技术开发有限公司（以下简称公司）成立于2004年，成功开发出集成自动保湿种植系统，经历十多年的发展和积累，技术成熟，产品远销海内外，现已广泛应用于各种类型的生态绿化项目中。

GREENVIEW 大竹叠翠集成系统技术是公司独创的自动保湿集成种植平台技术，节水率可高达85%，具备自动灌溉、通风透气、排水过滤、雨水收集利用、防水防渗、耐根穿刺等功能；具有节水节能、成活率高、安装快捷、安全可靠等优点；是一种低碳节能、可持续的新型生态绿化系统技术。

▶ 产品简介

目前已开发出适用于屋顶绿化、立体绿化、模块绿化、道桥绿化及建筑装配式生态系统等系列产品。

1. 屋顶绿地系统。

适用范围：花园式屋顶绿化、简单式屋顶绿化、停车库顶绿化、花园小区绿化、屋顶农业种植。

2. 道桥绿化系统。

适用范围：道路隔离带绿化、桥梁绿化、公共小区绿化、各种护栏绿化。

3. 模块绿化系统。

适用范围：建筑装配式绿化、屋顶绿化、阳台露台绿化、组合花坛、家庭种植及办公区绿化。

图 1　办公楼屋顶绿化

图 2　办公楼屋顶模块容器绿化

4. 立体绿化系统。

适用范围：垂直绿化、坡面绿化、建筑装配式生态绿化、建筑分层绿化、各种立体造型绿化。

5. 生态智能系统。

适用范围：大棚农业种植、室内小型植物工厂、都市农业、家庭种植及智能生态监测控制应用。

▶ 主要特点

1. 可根据植物消耗水量进行自动灌溉；
2. 雨水收集利用，节约养护成本；
3. 可按各种不同设计要求进行配置；
4. 具备自动保湿、排水、过滤、透气集成功能；
5. 模块类产品可自由组合，安装方便快捷，可重复利用；
6. 土层薄，荷载轻，适合新老建筑物，不破坏建筑结构；
7. 耐候性能好，可适应寒冷及高温气候地区；
8. 集成系统，无烦琐工序，安装轻便快捷，可缩短工期。

图 3 办公楼屋顶草坪绿化

图 4 住宅阳台绿墙

图 5 立交景观绿化

图 6 边坡绿化

河南青藤园艺有限公司

▶ 企业简介

河南青藤园艺有限公司（以下简称公司）自成立以来已完成多个累计 500m^2 的室内外植物墙项目和 1500m^2 的屋顶绿化项目。青藤植物墙广泛应用于各行业，涵盖公用、民用和商用等各个领域，取得市场的广泛认可，与园博园等政府部门，河南建业、华润置地、汇艺置业等大型地产公司进行广泛的合作，项目遍布河南各地。同时青藤人还不定期地参加各种行业培训，去往上海、深圳、杭州、北京、成都等实地考察优秀立体绿化项目，不断学习研究新型的立体绿化方式方法，努力成为河南立体绿化行业的探索者。

▶ 业务范围

业务内容涵盖垂直绿化、屋顶绿化、沿边绿化、立体造型雕塑、边坡修复、园艺资材等。经过多年研究运用开发出不同的技术方案，通过对视觉传达、工艺开发、植物选育、种植基质、控制系统、植物补光等方面的深入研究，建立标准化立体绿化系统。

公司拥有专业设计团队、施工团队和产品研发人才；建立 30 亩苗木培育实验基地，长期与国内外优秀同行形成紧密联系，建立合作关系；构建了高质量、高水准企业平台；致力于研究立体绿化新技术开发与运用，特别是冬冷夏热地区立体绿化技术解决方案。

▶ 核心技术

1. 装配式屋顶绿化模块——绿色之舟。
2. 模块式垂直绿化工艺。
3. 布袋式垂直绿化工艺。
4. 花盒式垂直绿化工艺。
5. 智能灌溉系统。
6. 雾森系统（高压喷雾工艺）。
7. 补光系统。

▶ 企业荣誉

开封城墙公园七期一、二标段植物墙项目获得河南省园林绿化学会 2018 年优质工程奖项。

图 1　天旺集团门厅植物墙

图 2　开封城墙公园七期二标段工程植物墙

图 3　思念果岭屋顶花园

苏州园林发展股份有限公司

▶ 企业简介

苏州园林发展股份有限公司是以原苏州古典园林建筑公司的全部有形和无形优质资产为基础，吸纳更多产业强项与营造技术优势，以园林、古建筑营造、园林绿化为主业，致力于形成完整的营造技术与产业链。将古建筑、城市园林绿化、文物保护施工的科研、设计、营造技术推向更高层次，拓展国内外更为广阔的市场。

▶ 企业范围

仿古建筑、高端地产、海外造园、景观设计、市政景观、特色小镇、文物修缮、主题公园、苗圃培育、绿化养护、电商平台。

▶ 项目案例

1. 中心屋顶花园项目。

中心屋顶花园项目集景观设计与施工于一体，工期短，施工高效，施工成果完整体现设计构思及风格。施工过程中，面临建筑结构顶板荷载及排水问题。改变原有覆土做法，采用轻质陶粒及白砾石相结合的做法后，不仅解决了上述问题，又与设计风格协调统一。该项目集江南传统园林和东方禅意园林特色于一体。营造古朴宁静、简约雅致的景观氛围。师法自然，将自然山水模拟和改造，以浓缩和升华的方式再现，营造小中见大、以少胜多的场景，追求“咫尺山水”的艺术效果。

图 1　中心屋顶花园项目景观设计

图 2　中心屋顶花园项目园路、小品

图 3　紫园园林景观

图 4　紫园绿化景观

2. 东郊宾馆紫园项目。

在风景如画的南京中山陵深处，坐落着一座闻名中外的国宾馆——南京东郊宾馆，作为东郊宾馆的配套园林景观项目“紫园”恰恰就是在原始密林中营造出的一座苏派园林，真山真水园中园，密林深处有洞天。

3. 甪直江南文化园。

甪直江南文化园位于甪直古镇东南，与古镇紧密相连，突出以“古镇活化石、文化新体验”为主题，将甪直多源、多样、多层次的旅游资源和旅游特色凝练汇集起来，创建了展示古镇差异化旅游的新模式。

4. 苏州绿城桃花源。

苏州绿城桃花源位于苏州工业园区金鸡湖、独墅湖双湖核心位置，从整体来看，就是一座完整的苏州园林。其最为独特的地方在于其对中国古建细节的准确还原。

5. 流芳园。

创立于 20 世纪初的亨廷顿植物园原为美国著名的私人文化和教育中心，园内共有不同国籍和风格的花园五十座，中国园命名“流芳园”，是目前其中面积最大的一座，接近于苏州的拙政园，因此有“海外拙政园”之誉。

图 5　流芳园亭

图 6　甪直江南文化园

博雅达勘测规划设计集团有限公司

▶ 企业简介

博雅达勘测规划设计集团有限公司（以下简称公司）是苏州大学产、学、研一体化试点窗口单位。公司连续多年被评为AAA级信用企业，并通过ISO 140001、ISO 9001、OHSAS 18001体系认证。公司拥有员工160余人，高级工程师20余人，中级工程师40余人。

▶ 企业范围

公司长期致力于国土空间规划、产业发展规划、城乡规划、生态环境规划、农田建设规划设计、生态修复工程设计、景观旅游规划与设计、水利规划设计、交通规划设计、建筑设计、公共空间艺术设计；自然资源管理咨询、用地报批服务、自然资源（不动产）评估、不动产登记代理；自然资源调查、测绘（地图及地理信息服务）、地质勘查；建设工程总承包业务及项目管理服务。

图1　同润绿色生活广场屋顶花园鸟瞰图

主要业务范围涉及江苏、江西、山西、西藏等地，目前已在南昌、南京、北京等地市设立分公司。

公司现已与无锡轻大建筑设计研究院有限公司、亚泰都会规划设计院股份有限公司、新加坡CPG集团、北京东方园林产业集团、日本农山渔村文化协会等达成深度战略合作。

图2　乌海市环乌海湖区区域概念性规划及城市设计（省一等奖）

图3　同润绿色生活广场屋顶花园景观小品设计

图4　同润绿色生活广场屋顶花园水景设计

图5　同润绿色生活广场屋顶花园园路景观设计

天津泰达园艺有限公司

▶ 企业简介

天津泰达园艺有限公司（以下简称公司）隶属于天津泰达绿化集团有限公司，是一家集花卉生产、销售、租摆服务，鲜花服务，家庭园艺，城市景观设计及施工，园林绿化工程施工于一身的综合性企业。

多年来，公司凭借丰富的园林绿化经验，充分发挥专业技术优势，依靠新颖的创意、雄厚的实力、至诚至信的服务理念，赢得了客户的信赖与支持，受到了社会的广泛赞誉。公司一直秉承“召之即来、来之能战、战之能胜”的精神，积极寻求绿化行业的发展和创新，树立城市生态园林的典范，力求在生产品质、品牌影响力和市场占有率方面成为同行业的领导者。

▶ 业务范围

园林绿化工程施工、监理、绿化养护、技术咨询、花卉租摆、园艺服务、林业服务，园林肥料、花卉、盆景批发兼零售。

▶ 工程案例

表 1　工程案例

名称	面积	来源	特色或难易程度
研发楼屋顶绿化项目	1300m^2	天津泰达绿化集团有限公司	较难
管委 C 区五楼屋顶花园项目	520m^2	天津市经济技术开发区公用事业局	较难

▶ 企业荣誉

公司获得 2017 年首届中国花境竞赛“贝利得杯”金奖。

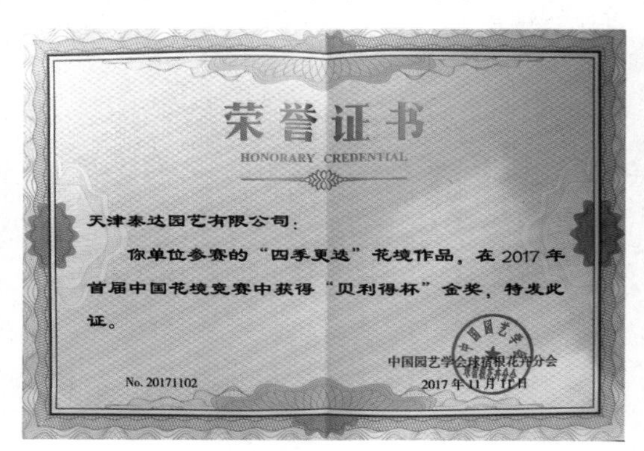
荣誉证书
HONORARY CREDENTIAL

天津泰达园艺有限公司：

你单位参赛的“四季更迭”花境作品，在 2017 年首届中国花境竞赛中获得“贝利得杯”金奖，特发此证。

No. 20171102

中国园艺学会球宿根花卉分会

2017 年 11 月 11 日

图 1　“贝利得杯”金奖荣誉证书

图 2　天津泰达绿化集团有限公司研发楼屋顶绿化项目（1300m^2）

图 3　天津市经济技术开发区公用事业局管委会五楼屋顶花园项目（520m^2）

图 4　立体绿化墙项目

广东中绿园林集团有限公司

▶ 企业简介

广东中绿园林集团有限公司（以下简称公司）成立于2002年，拥有城市园林绿化企业壹级、风景园林工程设计专项甲级、市政公用工程施工总承包壹级、城市与道路照明工程专业承包叁级、古建筑工程专业承包叁级、环保工程专业承包叁级、造林工程施工乙级、环卫作业清洁服务、白蚁防治服务、除虫灭鼠防治服务、有害生物防制服务、林业有害生物防治、广东省病媒生物预防控制有偿服务等资质。

▶ 经营范围

垃圾收集、运输、清扫、处理及清洁服务；水土保持、生态修复、园林绿化工程施工及养护、风景园林工程设计、造林工程施工、建筑工程施工、环境工程设计与施工、市政工程及市政附属配套工程；施工劳务分包工程；劳务派遣；物业管理；温室大棚、滴灌系统、园林智能化系统配套设施的设计与施工。自有物业租赁；环保产品的技术开发；植物栽培；园林花木的购销；信息咨询（不含人才中介服务）；有害生物防治、白蚁防治、红火蚁及薇甘菊相关虫害防治；园林机械、环保电池、储能器及热泵产品设备的销售；道路保洁服务。

图1　南山区丽湖中学立体绿化工程

▶ 企业资质及荣誉

公司先后当选为广东省风景园林协会常务理事单位、深圳市风景园林协会副会长单位、中国卫生有害生物防制协会理事会常务理事单位。公司获得的国家级奖项有：2010—2015 连续六年荣获“全国城市园林绿化企业 50 强”“年度中国城市绿化建设突出贡献企业”“年度中国造林绿化优秀施工企业”“年度中国园林绿化行业优秀企业”、国家级“守合同重信用企业”“年度杰出景观设计机构”“中国屋顶绿化与节能优秀企业”，以及连续六年中国园林、连续四年造林绿化 AAA 级信用企业；省级荣誉包括 2007—2016 连续十年被评为广东省“守合同重信用企业”、2008—2014 连续七年被评为“广东省优秀园林企业”“2011—2014 年度广东省二十强优秀园林企业”、园林绿化 AAAAA 等级信用企业。除此还获得“深圳市十强园林企业”“深圳市优秀园林企业”“深圳市特色园林企业（生态修复）”“深圳市绿地养护优秀企业”等荣誉称号。同时，公司承包的项目已获得国家、省、市级金银奖 40 多项。

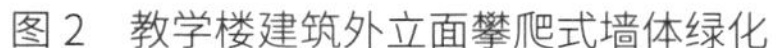

图 2　教学楼建筑外立面攀爬式墙体绿化

图 3　教学楼建筑外立面墙体绿化

武汉农尚环境股份有限公司

▶ 企业简介

武汉农尚环境股份有限公司（以下简称公司）成立于2000年，注册资本29328万元。自成立以来公司不断优化业务模块并提升管理水平，形成了较强的抗风险能力和可持续发展能力。2016年9月20日，公司在深圳证券交易所创业板上市，系湖北省乃至华中地区唯一一家生态环境景观上市企业。

▶ 业务范围

公司的业务范围包括园林绿化工程设计、施工、养护及苗木培育。立足房地产，公司与万科地产、保利地产、世茂地产等优秀房地产开发企业开展长期的战略合作；开拓市政公共园林领域，公司积极承接一系列社会公共设施项目建设。双管齐下，实现了企业健康的、可持续发展。

▶ 工程案例

表1　工程案例

工程名称	建设方	合同价（万元）	屋顶绿化面积（m^2）
万科金域蓝湾六期（F1F2F3及幼儿园）组团内景观工程	武汉万科万威房地产开发有限公司	479.89	6600
万科城花璟苑一期景观工程	武汉万科城花璟苑房地产有限公司	892.00	22693
航天龙城一期景观工程	武汉三江地产开发有限公司	1898.74	5000
航天首府一期景观工程	武汉三江地产开发有限公司	932.00	24000
保利时代一区展示区示范区景观工程	武汉金谷房地产开发有限公司	636.27	16000
武汉万科红郡五期后期	武汉万科城市花园房地产开发有限公司	1153.51	30000
保利心语七区景观工程	武汉林海房地产有限公司	586.13	11000
万科金域蓝湾三期景观	武汉万科万威房地产开发有限公司	418.54	15000
保利中央公馆二区景观工程	武汉林宇房地产有限公司	709.00	18000
万科金域蓝湾 BC 组团	武汉万科万威房地产开发有限公司	804.12	7500

▶ 企业资质及荣誉

公司取得了园林绿化施工壹级资质、风景园林工程设计乙级资质、市政公用工程施工总承包叁级资质、园林古建筑工程专业承包叁级资质、建筑装修装饰工程专业承包贰级资质、环保工程专业承包叁级资质、城市道路及照明工程专业承包叁级资质，通过了 ISO 9001:2015、ISO 14001:2015 和 GB/T 28001—2011 管理体系认证，是国家高新技术企业、湖北省风景园林学会副理事长单位和武汉市城市园林绿化企业协会副会长单位。

公司曾获评“2012 年度湖北省优秀园林企业 20 强”“2012 年度武汉市园林绿化守信企业”和中国风景园林学会“四星级会员单位”，并多次获得中国风景园林学会奖优秀管理奖（建设管理类）。

公司施工项目共获得国家级、省市级奖项共 80 余项，中国风景园林学会“优秀园林绿化工程奖”大金奖 1 次、金奖 8 次，“优秀风景园林规划设计”二等奖 1 次；中国建材工业出版社“中国园林古建精品工程”5 次；承建的环东湖绿道工程更是斩获工程界“奥斯卡”殊荣——第十七届中国土木工程詹天佑奖。

10
中国立体绿化十年成就

第二部分

2017年
中国屋顶绿化与节能
获奖名单

2017 年中国屋顶绿化与节能获奖名单

优秀项目

1. 南京青奥文化体育公园项目园林景观绿化及相关配套工程（二标段）
2. 深圳市南山区丽湖中学立体绿化工程
3. 厦门中航紫金广场屋顶绿化
4. 遵义青少年活动中心屋顶绿化
5. 深圳市大运软件小镇屋顶花园建设示范工程
6. 博林天瑞花园园林景观工程
7. 七宝万科屋顶花园——高线花园集市
8. 天地粤海屋顶花园
9. 领秀梦舒雅厂区屋顶农场绿化
10. 蓄水渗灌型屋顶农业工程
11. 安徽省城建设计研究院新办公楼屋顶花园景观绿化工程
12. 深圳证券交易所运营中心项目园林景观工程
13. 北京市东城区东四九条小学“立体绿化”研究
14. 珠海市横琴新区区域供冷系统一期冷站项目 3 号冷站建筑物外立面绿化工程设计、施工
15. 新建紫东国际创意园 A1、A5、A7、F1、F2、F3 栋屋面景观绿化工程
16. 绿色建筑适宜技术试点项目——垂直绿化示范项目研究建设
17. 中国建筑股份有限公司技术中心立体绿化项目
18. 重庆渝高深蓝植物墙项目
19. 区域循环农业与绿化校园工程
20. 安徽省城乡规划设计大厦景观绿化工程
21. 盛景翠湖办公区大厦屋顶菜园项目
22. 恒大金名都二期项目园林景观工程
23. 四川胜泽源农业投资集团屋顶花园农场

优秀材料

1. 屋顶绿化专用基质——河北龙庆生物科技有限公司（承德）
2. KLD屋顶绿化草毯——康莱德国际环保植被（北京）有限公司
3. “绿色之舟”多功能屋顶绿化组合模块——深圳风会云合生态环境有限公司
4. Po-LS轻型无机基质——北京丽泓世嘉屋顶绿化科技有限公司
5. 透水混凝土——北京近山松城市园林景观工程有限公司
6. 立体绿化有机基质——北京沃晟洁种植用土有限公司
7. 防滑路面——北京近山松城市园林景观工程有限公司
8. 透水沥青——北京近山松城市园林景观工程有限公司
9. 高承载植草地坪——北京近山松城市园林景观工程有限公司
10. 生态混凝土护坡——北京近山松城市园林景观工程有限公司
11. GFZ点牌耐根穿刺聚乙烯丙纶防水卷材——北京圣洁防水材料有限公司
12. 蜂巢式约束系统——深圳市沃而润生态科技有限公司
13. 透水聚合物混凝土——北京近山松城市园林景观工程有限公司
14. 蚯蚓粪为主体的立体绿化基质和园艺基质——北京大地聚龙科技有限公司
15. 绿植板——上海中卉生态科技股份有限公司
16. 垒土纤维活性土——湖南尚佳绿色环境有限公司

优秀设计作品

1. 溢柯园艺沪南旗舰店屋顶绿化展示
2. 都市循环农业与绿色工厂
3. 2015年海淀六校屋顶花园
4. 2014年大兴区屋顶绿化
5. 陕西省西咸新区西部云谷屋顶花园设计
6. 王府井工艺美术大厦屋顶花园景观设计
7. 北京京投琨御府

优秀论文

1. 城市屋顶绿化规划设计研究——以北京市为例　　作者：韩林飞

2. 国内外屋顶绿化政策研究　　作者：谭一凡

3. 国内屋顶绿化施工技术解析　　作者：王月宾

4. 海淀园林绿化局屋顶花园　　作者：杜伟宁

5. 容器式屋顶绿化——以黄浦区政协人大屋顶绿化为例　　作者：柯思征

6. 重庆地区屋顶绿化现状调查与分析　　作者：艾丽蛟

7. 北京地区屋顶绿化地被植物的抗逆性研究　　作者：周伟伟

8. 低荷载条件下打造精品屋顶花园极相关新技术探索　　作者：韩丽莉

9. 六里桥高速公路指挥中心屋顶花园案例分析　　作者：王英宇

10. 世界屋顶花园的历史与分类　　作者：李树华

11. 屋顶造地农业利用可行性研究初报　　作者：李伯钧

12. 以屋顶农业为载体“重建城市循环农业系统”处理生物质废弃物可行性探讨　　作者：李伯钧

13. 东莞桥头铁汉生态建研实践空间　　作者：朱海弘

14. 城市屋顶种植蔬菜重金属风险研究　　作者：胡伟

优秀人物

张佐双、王仙民、乔世英、谭一凡、韩丽莉、谭天鹰、马丽亚、李伯钧、赵定国、吴锦华、王兆龙、柯思征、李树华、赵惠恩

优秀企业

1. 天地建筑创新技术成都有限公司

2. 河北龙庆生物科技有限公司

3. 北京沃晟杰种植用土有限公司

4. 北京大地聚龙生物科技有限公司

5. 深圳市翠箓科技绿化工程有限公司

6. 武汉农尚环境股份有限公司

7. 中外园林建设有限公司

8. 南京万荣园林实业有限公司

9. 广东中绿园林集团有限公司

10. 上海中卉生态科技股份有限公司

11. 深圳市绿雅园艺有限公司

12. 深圳市万年春环境建设有限公司

13. 上海溢柯园艺有限公司——DCT 设计建造事务所

14. 河南希芳阁绿化工程股份有限公司

15. 康莱德国际环保植被（北京）有限公司

16. 杭州乐成屋顶绿化工程有限公司

17. 孝感城际环境艺术设计有限公司

18. 安徽新宇生态园林股份有限公司

19. 天津泰达园艺有限公司

20. 北京耐威格特科技有限公司

21. 深圳风会云合生态环境有限公司

22. 深圳市大竹叠翠屋顶花园技术开发有限公司

23. 河南青藤园艺有限公司

24. 苏州园林发展股份有限公司北京园林工程分公司

25. 河南晟誉立体绿化工程有限公司

26. 浙江微耕农业科技有限公司

27. 重庆朗廷园林景观规划设计有限公司

后　记

中国建筑节能协会立体绿化与生态园林专业委员会（以下简称专委会）与《中国花卉报》社经过一年多的细致筹备，于 2017 年在厦门国家会议中心组织召开了“中国立体绿化十年回顾”大会。大会回顾了中国立体绿化十年的奋斗历程，十年的辉煌成就，评选出中国屋顶绿化与节能六大类奖项，分别为优秀项目、优秀材料、优秀设计作品、优秀论文、优秀人物奖和优秀企业，在本书的第三部分列出了详细名单。

本书第二部分收录的部分获奖案例中，非常典型的项目是厦门中航紫金广场屋顶绿化项目，由上海中卉生态科技股份有限公司完成，项目地理位置优越，面向金门紧邻城市主要干道交叉口，定位为地标性建筑，屋顶绿化、屋顶花园 1500m^2 成为城市形象标杆。由河南希芳阁绿化工程股份有限公司建设的天地粤海屋顶花园以“借地球一亩地，还地球四亩绿”为设计目标，在四星级酒店的顶层建造了举办空中婚礼、商务会谈、私人聚会、亲子屋顶农场的场所。极具特色的设计作品是北京市园林科学研究院院的大兴北京小学翡翠城分校屋顶花园，融童话于绿化设计之中，展示了一个“入绿野之境，寻百草之源”的梦幻世界。由杭州乐成屋顶绿化工程有限公司设计的都市循环农业与绿化工厂，把工厂农场养猪种菜产食用菌融为一体，生态、社会与经济效益兼收。在本书第二部分材料篇展示的产品中，从立体绿化、屋顶绿化的有机基质，专用基质、种植模块化的固化基质，到透水混凝土，还有耐根穿刺的聚乙烯丙纶防水卷材、蜂巢式约束系统、绿植板建筑绿化技术、高承载植草地坪，均为我国立体绿化行业材料应用填补了空白；推出的优秀立体绿化企业，是我国在立体绿化推进过程中的先进典型，它们从各个方面展现了我国立体绿化的整体实力。

本书的人物篇虽然只有14人，但却是这本书的核心内容。正是由于这些先进代表人物，才把我们国家的立体绿化事业推上了一个新的台阶。在这里我们专委会与大会筹备组成员谨向他们表示崇高的敬意！专委会在此时此地也向那些为推动中国立体绿化的另一批领军者表示衷心的感谢。他们是**《中国花卉报》现社长周金田和原社长杨新杭、河北水利电力勘测设计研究院原院长孙景亮、本专委会原秘书长现副主任委员韦一和现副秘书长纪兵、新加坡建恒集团总经理邬英、中国绿建委立体绿化学组副组长兼秘书长王珂、深圳市大竹叠翠屋顶花园技术开发有限公司总裁罗伟艺、浙江新四季园林建设工程有限公司总经理钟亚绒、河南希芳阁绿化工程股份有限公司董事长王洋洋、北京近山松城市园林景观工程有限公司经理易华明、北京沃晟杰种植用土有限公司总经理杜昕、海口国景环境艺术有限公司总经理林志忠**。正是由于有了这么大的一群致力于中国立体绿化发展壮大的群体，才有了我们今天蓬勃向上的事业，有了我们城市人追求回归森林，回归大自然的动力与希望！

在本书出版之际，得到了北京沃晟杰种植用土有限公司、河北龙庆生物科技有限公司、天地建筑创新技术成都有限公司的大力支持和帮助，在此一并表示深深的谢意。

中国建筑节能协会立体绿化与生态园林专业委员会